곤충이 좋아지는 곤충책

김태우 글 · 사진

호랑나비에서
애집개미까지,
우리 주변
곤충들의
신비로운
세계

궁리
KungRee

일러두기

이 책은 2012년 〈다른세상〉에서 나온 『곤충이 좋아지는 곤충책』을 개정증보해 펴냈습니다.

개정판을 내며

『곤충이 좋아지는 곤충책』이 10년 만에 개정판으로 다시 나왔습니다. 독자들의 바람과 궁리의 뜻이 더해져 개정판을 낼 수 있게 된 것 같아 기쁘게 생각합니다.

개정판 작업을 위해 글과 사진을 다시 들여다보면서 사진 자료를 많이 보강했습니다. 제가 그동안 만나고 찍어 온 곤충 사진들 중에서 한살이 정보가 있는 좋은 알이나 애벌레, 번데기 사진을 추가했습니다. 곤충을 둘러싼 이야기뿐 아니라 야외에서 만나는 곤충 종류도 쉽게 알아볼 수 있도록 도감 기능을 강화했고요. 곤충의 다양한 모습이 잘 전달되었으면 하는 바람입니다.

또 초판에 소개하지 못한 곤충을 4종 더 만날 수 있어요. 부록에는 '곤충의 친척' 8종을 새롭게 추가했습니다. 곤충은 아니지만, 우리 주변에서 흔히 볼 수 있는 작은 생명체로 함께 보아주었으면 좋겠습니다.

세월이 흐르다 보니 이전과 다르게 곤충 이름이 조금씩 바뀐 것들도 있었고, 사람에게 해가 없는 줄 알았는데 병을 옮기는 것으로 새롭게 밝혀진 것도 있었습니다. 현재 상황에 맞게 원고를 손보면서 많은 곤충들이 우리나라 자연을 아름답게 밝히고 있다는 사실을 다시금 깨달았습니다.

하지만 곤충들이 사라지고 있다는 소식을 점점 자주 듣게 되면서 곤충학자로서 안타까운 심정이 들 때가 많습니다. 곤충이 살지 못하는 생태계에서는 결국 사람도 살아갈 수 없습니다. 『곤충이 좋아지는 곤충책』을 읽고 곤충의 중요성에 대해 더 많은 분들이 공감하고, 함께 살아가는 지혜를 고민해 나갔으면 하는 바람입니다. 더불어 우리나라에 살고 있는 곤충들의 숨은 이야기가 더 많이 밝혀지길 소망합니다.

새 옷을 입은 이 책이 어린이 독자뿐 아니라 곤충에 관심 있는 성인들, 숲해설사나 생태안내자 분들께도 반가운 선물이 되길 바라며!

2022년 김태우

오늘부터 친구 할까요?

우리 주변에는 곤충이 참 많아요. 산과 들에는 당연히 많지만, 학교나 공원에서도 곤충을 쉽게 볼 수 있어요. 가끔은 집 안에도 곤충이 나타납니다. 곤충을 좋아하는 친구들은 안 그러겠지만, 대부분의 사람들은 곤충이 나타났을 때 지레 겁을 먹고 무서워해요. 또 곤충은 뉴스와 신문에도 자주 나와요. 뱃속에서 기생충이 나온다는 꼽등이, 사람에게 뛰어든다는 꽃매미…… 이런 곤충 소식을 들으면 사람들은 곤충을 잘 모르면서 괜히 무서운 마음에 곤충괴담을 퍼뜨리기도 해요. 사실 알고 나면 괜찮은데, 잘 모르니까 가까이 하지 않으려 하고 자세히 알려고 하지 않지요.

'아는 만큼 보인다'라는 말이 있어요. 미술을 알면 작품을 잘 이해할 수 있고 음악을 알면 감상하는 귀가 열립니다. 마찬가지로 곤충을 알면 곤충이 그렇게 무섭거나 징그럽지 않다는 것을 금방 알 수 있어요. 오히려 이렇게 가까운 곳에 반가운 친구들이 있었다는 사실에 놀라게 됩니다. 저는 어렸을 때 동물을 무척 좋아했는데, 개나 고양이를 기를 형편이 안 되어 대신 곤충에 관심을 갖게 되었답니다. 큰 동물에 비해 작은 곤충은 넓은 공간이 필요 없고 먹이를 주거나 똥을 갈아 주는 일도 그렇게 귀찮지 않았습니다. 책상 위에서 곤충을 들여다보면 마치 어느 숲속에 와 있는 것 같은 느낌이었어요.

　사람들이 곤충을 하찮게 여긴 덕분에 아직도 곤충의 세계는 대부분 미지의 세계로 남아 있어요. 아마도 달나라와 심해에 대해 사람들이 잘 모르는 것처럼 곤충이 어떻게 살아가는지 사람들은 여전히 모르고 있어요. 하지만, 아는 것이 그렇게 어렵지는 않아요. 우선 가까이 살펴보는 관심이 중요해요. 곤충을 작은 유리병에 넣고 들여다보세요. 무슨 곤충인지 도감을 찾아 알아보세요. 그리고 어떤 곤충인지 알았다면 잠깐 동안이라도 키워 보세요. 어떤 친구는 아주 잘 키울 수 있겠지만, 잘못하면 죽을 수도 있어요. 그렇지만 그렇게 슬퍼할 필요는 없어요. 그러면서 아주 신기한 사실을 발견할 수도 있으니까요. 어쩌면 그것은 누구도 모르는 나만의 곤충 이야기가 될 수 있답니다.

차례

개정판을 내며 ························ 5
오늘부터 친구 할까요? ··············· 7
간단히 알아보는 곤충 정보 ········· 14

1
누구나 한 번쯤 들어 본 친근한 곤충

호랑나비 ···························· 20
배추흰나비 ························· 24
부전나비 ···························· 28
꿀벌 ································· 32
장수풍뎅이 ························· 36
넓적사슴벌레 ······················ 40
여치 ································· 44
왕귀뚜라미 ························· 48
사마귀 ······························ 52
풀무치 ······························ 56
베짱이 ······························ 60
우리벼메뚜기 ······················ 64
된장잠자리 ························· 68
누에나방 ···························· 72
무당벌레 ···························· 76

2
식물 곁에서 지구를 지키는 곤충

버들잎벌레	82
꽃등에	86
모메뚜기	90
점박이꽃무지	94
하늘소	98
참매미	102
진딧물	106
긴꼬리	110
풀잠자리	114
산맴돌이거저리	118
왕바구미	122
주홍날개꽃매미	126
흰개미	130
남방차주머니나방	134
일본왕개미	138

3
놀라운 재주가 있는 곤충

길앞잡이	144
넉점박이송장벌레	148
물방개	152
소금쟁이	156
거품벌레	160

폭탄먼지벌레 ……………… 164
도토리거위벌레 ……………… 168
애기뿔소똥구리 ……………… 172
명주잠자리 ……………… 176
나나니 ……………… 180
방울벌레 ……………… 184
땅강아지 ……………… 188
장수말벌 ……………… 192
늦반딧불이 ……………… 196
우묵날도래 ……………… 200
수시렁이 ……………… 204

4
치열한 생존과 번식 이야기를 들려주는 곤충

남가뢰 ……………… 210
노랑털기생파리 ……………… 214
동양하루살이 ……………… 218
박각시 ……………… 222
매미나방 ……………… 226
방아깨비 ……………… 230
대벌레 ……………… 234
고마로브집게벌레 ……………… 238
노랑쐐기나방 ……………… 242

각시메뚜기 ·············· 246
묵은실잠자리 ·············· 250

5
희귀하거나, 친숙하거나… 아주 적거나 아주 많은 곤충

멋쟁이딱정벌레 ·············· 256
큰그물강도래 ·············· 260
물장군 ·············· 264
비단벌레 ·············· 268
초파리 ·············· 272
밑들이 ·············· 276
숲모기 ·············· 280
집파리 ·············· 284
파리매 ·············· 288
끝검은말매미충 ·············· 292
꼽등이 ·············· 296
집바퀴 ·············· 300
좀 ·············· 304
네발나비 ·············· 308
애집개미 ·············· 312

| 부록 |
곤충의 친척

말꼬마거미	318
무당거미	322
참진드기	326
왕지네	330
가재	334
공벌레	338
거머리	342
달팽이	346

간단히 알아보는 곤충 정보

곤충의 생김새

곤충은 몸의 구조가 머리, 가슴, 배 세 부분으로 나뉘어요.

- **머리**: 커다란 겹눈 1쌍과 더듬이 1쌍, 큰턱과 작은턱으로 나뉘는 입이 있어요.

- **가슴**: 날개 2쌍, 다리 3쌍이 붙어 있는 몸의 중심이에요. 날개가 없거나 퇴화된 종도 일부 있어요.

· **배**: 보통 10마디로 나뉘고 각 마디에 숨구멍이 있어요. 배설기관과 생식기관이 있어요.

곤충의 한살이

곤충은 탈피(허물벗기)와 변태(탈바꿈)를 통해 성장합니다. 우리가 만난 곤충의 상태는 알, 애벌레, 번데기, 또는 어른벌레(성충)의 어느 한 단계에 해당합니다. 특히 시간의 흐름에 따라 애벌레와 어른벌레의 모습이 전혀 다른 경우가 많습니다.

· **완전변태**: 어린 애벌레(유충)와 다 큰 어른벌레(성충)의 모습이 완전히 다르고 번데기 시기가 있어요.
(예) 딱정벌레목, 나비목, 파리목, 벌목, 날도래목 등

· **불완전변태**: 유충과 성충의 모습이 비슷하고 번데기 시기가 없어요. 유충과 성충은 날개의 길이가 달라요.
(예) 메뚜기목, 집게벌레목, 사마귀목, 노린재목, 매미목, 강도래목 등

곤충이 사는 곳

곤충은 먹을 것과 숨을 곳, 쉴 곳이 있다면 어느 곳에나 살 수 있어요.

- **식물과 버섯**: 꽃, 잎, 줄기, 뿌리, 열매 등 모든 부위에 따라 여러 가지 곤충이 모여요. 나무에 흐르는 수액이나 죽은 나무껍질 아래에도 곤충이 많이 숨어 있어요. 어떤 곤충은 식물혹을 만들기도 해요.

- **물가**: 물 표면에는 떠 있거나 아래에서 헤엄치는 수서곤충이 있어요. 연못이나 호수, 강가, 바닷가에서 살아가는 곤충이 많아요.

- **땅속**: 습기가 많은 낙엽층이나 돌 밑은 곤충의 훌륭한 은신처입니다. 특히 야행성 곤충은 대개 이런 곳 속에 숨어서 쉬고 있어요.

- **사체와 배설물**: 청소부 곤충은 죽은 동물의 사체나 배설물 등에 잘 모입니다.

호랑나비 | 산초나무를 찾아다니는 친근한 나비
배추흰나비 | 전 세계에 널리 퍼져 사는 나비
부전나비 | 나비학자들이 좋아하는 아름다운 곤충
꿀벌 | 인간과 오래 함께한 지구 지킴이 곤충
장수풍뎅이 | 사슴뿔처럼 큰 뿔이 독특한 인기 곤충
넓적사슴벌레 | 참나무 숲에 사는 곤충
여치 | 여름철 풀밭에서 노래하는 곤충
왕귀뚜라미 | 우리에게 가장 친숙한 귀뚜라미
사마귀 | 나뭇가지 흉내를 내는 육식성 곤충
풀무치 | 도시가 발달하면서 점점 밀려나는 메뚜기
베짱이 | 풀잎에서 생활하는 곤충
우리벼메뚜기 | 논밭에 사는 우리나라 고유종
된장잠자리 | 가을 하늘을 나는 잠자리
누에나방 | 인간에게 비단실을 선물하는 곤충
무당벌레 | 해충 잡는 점박이 곤충

1

누구나
한 번쯤 들어 본
친근한 곤충

호랑나비

 곤충강〉나비목〉호랑나비과 | 날개 편 길이: 70~90mm
볼 수 있는 시기: 봄~가을 | 볼 수 있는 곳: 마을, 들판, 계곡

　너울너울 멋지게 날아가는 호랑나비예요. 호랑나비는 어디서나 볼 수 있는 매우 친근한 나비예요. 호랑이 무늬처럼 검고 노랑 줄무늬가 있어서 호랑나비라고 불러요. 호랑이를 '범'이라고도 부르듯이 호랑나비를 '범나비'라고도 불러요. 호랑나비는 봄부터 가을까지 마을 주변이나 공원을 날아다녀요. 겨울을 번데기로 견뎌 내고 날이 따뜻해지면서 번데기에서 깨어나 꽃의 꿀을 찾아다니지요. 호랑나비는 1년에 2~3번씩 새로운 나비로 다시 태어나요.
　호랑나비가 흔한 이유는 가까운 산이면 어디에나 호랑나비 애벌레의 먹이인 산초나무가 많기 때문이에요. 잎을 자르면 향긋한 냄새가 나는 산초나무는 추어탕을 먹을 때 비린내를 없애고 맛을 좋게 하기 위해 열매를 말려 가루로 넣기도 하지요. 산초나무의 특별

관찰해 볼까요?

날개: 얼룩덜룩 까맣고 노란 줄무늬가 발달해 있어요. 뒷날개에는 노란 무늬가 있고 꼬리돌기가 길게 나와 있어요.

전체적으로 노랗고 까만 줄무늬가 있어요.

머리: 겹눈은 크고 까매요. 한 쌍의 긴 더듬이가 있어요.

가슴에도 줄무늬가 있어요.

다리: 길고 가늘어요.

배: 길고 볼록해요.

다 자란 애벌레: 통통한 초록색 애벌레예요.

어린 애벌레: 새똥을 닮았어요.

번데기: 나뭇가지에 죽은 듯 가만히 붙어 있어요.

한 냄새를 호랑나비는 잘 구별할 수 있어요. 또 귤이나 탱자나무도 호랑나비가 좋아하는 먹이예요. 모두 향긋한 냄새가 나는 식물이에요. 제주도처럼 귤을 많이 키우는 곳에서는 잎을 갉아 먹는 호랑나비 애벌레를 해충으로 여기기도 해요. 가시가 돋친 탱자나무는 예전에 담벼락 대신 집 울타리로 둘러 심기도 했어요. 그런 곳을 살펴보면 호랑나비 애벌레가 붙어 있는 것을 쉽게 발견할 수 있어요.

호랑나비 애벌레는 금방 태어났을 때에는 새똥처럼 검고 어두운 무늬가 있어요. 잎 위에 가만히 앉아 있으면 지저분한 새똥처럼 보이기 때문에 새들의 관심을 피할 수 있어요. 이보다 더 자라면 초록색의 통통한 애벌레로 변해요. 호랑나비 애벌레가 가장 무서워하는 것은 새들의 공격이에요. 그렇지만 애벌레가 약한 것만은 아니에요. 새가 부리로 애벌레를 툭툭 건드리면 갑자기 노란색의 뿔이 등에서 쑥 나와서 새를 겁주기도 하지요. 이 뿔에서는 고약한 냄새가 나는 데다가, Y자 모양으로 갈라지기 때문에 마치 뱀의 혀처럼 보여요. 애벌레 등에 있는 눈알 무늬도 새에게 겁을 주는 데 큰 효과가 있어요. 놀란 새가 물러가면 이 뿔은 저절로 줄어들어 몸속으로 들어가지요.

나비가 될 즈음 애벌레는 안전한 곳을 찾아 번데기로 변해요. 번데기는 가만히 한자리에 붙어 도망칠 수 없기 때문에 여간해서는 눈에 띄지 않는 곳에 숨어야 해요. 그렇지만 이때에도 번데기 몸에 알을 낳으려는 조그만 기생벌들이 날아와 번데기를 괴롭혀요. 기생당한 번데기 몸에서는 나중에 나비 대신 기생벌이 태어나요. 이런 모든 위험을 무사히 넘겨야만 마침내 호랑나비가 되어 날아갈 수가 있어요.

호랑나비는 여기저기 날아다니며 꿀을 빨거나 짝을 찾아요. 그동안 식물의 꽃가루를 잔뜩 옮겨 주지요. 호랑나비의 주둥이와 몸에 난 털, 그리고 날개에는 꽃가루가 들러붙기 쉬워요. 이 꽃 저 꽃을 방문하다 보면 저절로 식물이 열매를 맺을 수 있도록 도와줍니다. 그러다 운이 나쁘면 거미줄에 걸리거나 꽃 속에 숨어 있던 사마귀에게 잡아먹히는 수도 있어요. 마침내 자기 짝을 찾은 호랑나비는 배를 맞댄 채로 조용한 곳에 숨어 날개를 접은 채 짝짓기를 해요. 어미 호랑나비는 다시 향긋한 냄새가 나는 산초나무를 찾아 잎사귀에 알을 붙이지요.

 조금만 더

① **산호랑나비**: 호랑나비와 아주 비슷하지만 앞날개 앞쪽 무늬가 달라요. 애벌레는 미나리나 당근 같은 식물을 먹고 자라요.

② **애호랑나비**: 호랑나비보다 크기가 작아요. 이른 봄에 일찍 나오는 호랑나비예요. 애벌레는 족도리풀을 먹고 자라요.

배추흰나비

 곤충강〉나비목〉흰나비과 | 날개 편 길이: 45~65mm
볼 수 있는 시기: 봄~가을 | 볼 수 있는 곳: 논밭 주변, 공원 풀밭

　제가 어렸을 때 어른들한테 들은 얘기 중의 하나는 봄에 처음 본 나비가 흰 나비면 재수가 없고 노란 나비면 재수가 있다는 것이었어요. 이 말이 사실이라면 아마 재수 없는 사람들이 훨씬 더 많을 거예요. 노란 나비보다 흰 나비가 훨씬 흔하거든요. 흰 나비의 대표 곤충이 배추흰나비입니다.

　배추흰나비는 배추밭에 자주 나타나고 애벌레가 배추를 갉아 먹는 배추벌레이기 때문에 배추흰나비라고 불러요. 그렇지만, 배추 이외에 배추와 같은 십자화과 식물에 속하는 양배추, 무, 유채, 냉이 등의 식물도 먹을 수 있고 이런 식물은 우리 주변에 흔히 있기 때문에 배추흰나비는 거의 전 세계에 널리 퍼져 살고 있어요.

　배추흰나비는 꽃밭을 찾아다니며 꿀을 빨아 먹고 사는데, 날아

다니는 동안 암컷과 수컷이 서로 이끌리게 돼요. 사람들의 눈으로 보면 모두 흰색으로 보이지만, 자외선을 볼 수 있는 배추흰나비 수컷의 눈에는 암컷이 검정색으로 눈에 확 띄게 달라 보입니다. 암컷을 쫓아 이리저리 날다가 마침내 암컷이 허락하면 짝짓기를 할 수 있어요. 그렇지만, 암컷이 별로 짝짓기를 하고 싶지 않으면 배를 위를 향해 쳐들어 수컷을 거절합니다.

알을 낳으러 다니는 암컷은 십자화과 식물에서 나는 독특한 겨자향을 맡을 수가 있어 정확히 애벌레들이 먹을 식물 잎사귀에 알을 붙입니다. 날다가 잠깐 잎사귀에 앉아 배를 살짝 구부려 한 개의 알을 잎사귀 아랫면에 붙이고 금방 다시 날아갑니다. 한꺼번에 알을 다 낳는 것보다 여기저기에 흩어져 한 개씩 낳는 것이 애벌레의 먹이도 보장하고 천적으로부터의 위험을 피하는 방법입니다.

알에서 부화한 애벌레는 제일 먼저 자기 알 껍질을 갉아 먹은 다음, 배추 잎사귀를 갉아 먹으며 쑥쑥 자랍니다. 허물을 벗으면서 점점 크게 자라는데, 마지막 애벌레는 통통한 초록색의 배추벌레예요. 배추밭에 가면 잎사귀 여기저기에 구멍이 난 흔적이 많이 보이는데, 이것이 배추벌레들이 갉아 먹은 자국입니다. 배추를 키우는 농민들은 농사를 망치기 때문에 배추벌레를 싫어한답니다. 그렇지만 농약을 덜 주고 유기농으로 키운 채소가 사람 몸에 좋은 것은 틀림없어요. 가을에 김장 김치를 담그기 위해 배추를 손질하다 보면 꼭 배추벌레가 몇 마리씩 나오곤 했어요. 물론 징그러워하는 사람들도 있지만, 그만큼 배추가 싱싱하다는 뜻이니 배추벌레를 너무 미워하지는 않았으면 합니다.

다 자란 배추벌레는 배춧잎을 떠나 어디론가 기어갑니다. 번데기가 되기 위한 안전한 장소를 찾는 것이지요. 이리저리 맴돌다 맘에 드는 곳에 자리 잡은 애벌레는 곧 길쭉한 번데기로 변합니다. 이때 번데기는 주위의 눈을 피하기 위해 보호색을 띠는데, 초록색 잎사귀에서는 초록색으로, 갈색 나뭇가지에서는 갈색으로 변해 좀처럼 보이지 않습니다. 배추흰나비 번데기가 환경에 맞추어 색깔이 변하는 것은 물질의 촉감을 느끼기 때문이에요. 즉, 매끄러운 표면에서는 보통 녹색으로, 거친 표면에서는 갈색으로 변한답니다.

움직이지 못하는 번데기는 보호색을 띠는 것이 가장 최선의 방어 방법이지요. 그렇지만 냄새를 맡아 찾아오는 기생벌들까지 피하지는 못해요. 보통 생태계에서 번데기나 애벌레들은 절반 이상이 기생당해서 제대로 자라 나오는 배추흰나비는 무척 드물답니다.

 **조금만 더**

① **갈고리나비**: 이름처럼 날개 끝이 갈고리 모양으로 구부러졌어요. 봄에만 잠시 나타나요.
② **노랑나비**: 노란색과 흰색 두 가지가 있어요. 날개 아랫면에 눈알 무늬가 있어요.
③ **대만흰나비**: 배추흰나비와 아주 비슷하게 생겼지만 날개 끝의 검정무늬가 물결 모양이에요.
④ **큰줄흰나비**: 날개맥이 검은색으로 줄무늬를 이루어요.

부전나비

 곤충강〉나비목〉부전나비과 | 날개 편 길이: 26~32mm
볼 수 있는 시기: 봄~가을 | 볼 수 있는 곳: 논밭 주변, 하천 제방

조그맣고 예쁜 나비가 날아다녀요. 알록달록 파랗거나 녹색이거나 또는 주황색, 귤색으로 아름다운 날개가 자랑거리인 이 나비가 부전나비예요. 부전은 예전 한복 장식으로 또는 노리개로 쓰던 작은 색종이 모양의 헝겊을 가리키던 말이에요. 나비 연구로 유명한 우리나라의 석주명 선생이 붙인 이름입니다. 북한에서는 숫돌나비라고도 하는데, 부전나비 중에 날개 윗면이 거무스름한 종류의 특징을 따서 붙인 이름입니다.

부전나비는 날아다니는 모습이 이름처럼 색종이가 나풀거리는 것 같아요. 보통 날개의 윗면과 아랫면의 색깔이 다른 경우가 많습니다. 날개 윗면은 진한 색깔이 있고 날개를 접었을 때 보이는 아랫면은 연한 색깔이에요. 날개 윗면의 색깔에 따라 먹부전, 푸른부전,

관찰해 볼까요?

머리: 긴 더듬이 한 쌍이 있고 더듬이 마디에 얼룩무늬가 있어요.

날개: 날개 윗면은 파란색이고 아랫면에는 검은 점무늬에 주홍색 테두리가 있어요.

다리: 가늘고 길어요.

배: 가는 원통형으로 흰 털로 덮여 있어요.

녹색부전, 귤빛부전 등과 같은 이름으로 부릅니다. 도시공원이나 마을 근처에는 푸른부전나비나 남방부전나비, 암먹부전나비 같은 종류가 많고 숲으로 가면 녹색부전나비, 귤빛부전나비 같은 종류가 나타나요. 환경에 따라 다른 부전나비가 나타납니다. 가장 단순한 이름으로 부르는 부전나비는 강둑이나 논밭 주변의 낮은 산지에 콩과식물이 있는 곳에 나타나요. 날개 윗면은 푸른 색깔을 띠고 아랫면에는 검은 점무늬가 있는데, 주황색 테두리가 앞뒷날개 모두에 걸쳐 있어요. 예전에는 설악산부전나비라고도 부르기도 했지요. 부전나비 중에는 곤충 중에서 가장 이름이 긴 것으로 알려진 '작은홍띠점박이푸른부전나비'도 있습니다. 이름이 무려 13글자나 돼요.

부전나비가 앉았을 때 자세히 관찰해 보면 날개를 아래위로 비비며 몸을 이쪽저쪽으로 움직이는 것을 볼 수 있어요. 이것은 부전나비의 살아남기 방어 방법인데, 날개를 비비면서 날개 뒤쪽으로 천적의 시선을 돌리는 것입니다. 날개 아랫면에는 보통 점무늬가 있어 그쪽을 움직여 머리라고 착각하게 만드는 일종의 교란 작전이지요. 더구나 날개 끝이 더듬이처럼 길게 나온 종류도 있어 이런 동작과 맞아떨어지면 새 같은 천적은 나비가 절대 다치면 안 되는 머리 쪽은 가만 놔두고 뒤쪽을 공격하여 나비는 살 수 있게 됩니다.

부전나비 중에는 개미와 공생하는 종류가 많아요. 담흑부전나비와 쌍꼬리부전나비, 그리고 점박이푸른부전나비 같은 종류는 애벌레 시절 개미에 의해 땅속 개미집으로 옮겨져 개미들의 보살핌으로 안전하게 자라다가 번데기에서 나비가 되어 개미집을 떠납니다. 개미들은 부전나비 애벌레의 꿀샘으로부터 영양분을 얻는 대신 부전나비 애벌레에게 먹을 것을 주고 돌봐 줍니다.

또한 바둑돌부전나비 같은 종류는 나비 중에서 유일하게 육식을 하는 것으로 잘 알려져 있습니다. 암컷은 일본납작진딧물이 낀 대나무 잎사귀 뒷면에 알을 낳고 부화한 나비 애벌레는 진딧물을 잡아먹으며 성장합니다. 또한 바둑돌부전나비의 성충도 꽃에서 꿀을 빠는 대신 진딧물이 분비하는 배설물을 핥아 먹으며 살기 때문에 항상 대나무 숲 주변을 날아다닙니다.

부전나비는 어디나 흔히 있는 것 같지만, 그중에 쌍꼬리부전나비와 깊은산부전나비처럼 현재 우리나라 멸종위기종으로 지정되어 보호받고 있는 종도 있어요. 또한 큰주홍부전나비처럼 과거에는 매우 희귀했지만, 현재 한강 유역과 서해안을 따라 점점 많아지는 종류도 있어서 이들의 숫자가 변하는 이유에 대해 현재 곤충학자들이 연구를 진행하고 있답니다.

 **조금만 더**

① **바둑돌부전나비**: 흑백 점무늬가 마치 바둑알처럼 보여요.
② **시가도귤빛부전나비**: 오렌지색 날개 바탕에 그려진 검정무늬가 도시의 건물 지도처럼 보여요.
③ **쌍꼬리부전나비**: 날개 끝에 쌍꼬리가 길게 나와 있어요.
④ **큰주홍부전나비**: 날개 윗면이 짙은 주홍색이에요.

꿀벌

 곤충강〉벌목〉꿀벌과 | 몸길이: 12mm 내외
볼 수 있는 시기: 1년 내내 | 볼 수 있는 곳: 인가 주변, 야산, 공원

우리 주변에서 흔히 볼 수 있는 대표적인 벌이 꿀벌이에요. 꿀을 빨아 먹고 꽃에 많이 모이기 때문에 꿀벌이지요. 꿀벌은 사람들이 기르기 때문에 공원 화단이나 숲속, 어디서나 볼 수 있어요. 벌을 키우는 것을 양봉이라고 하는데, 사실 우리가 흔히 보는 것은 대부분 양봉꿀벌입니다. 우리나라 재래꿀벌은 토종벌이라고 불러요.

사람들이 벌을 키우기 시작한 것은 무척 오래된 일이에요. 잘못 건드리면 벌침에 쏘이는 것을 알면서도 벌집에 저장되어 있는 달콤한 꿀이 얻기 힘든 당분이라서 사람들은 꿀을 얻는 방법으로 양봉을 해요. 우리나라에서 양봉으로 키우는 종류는 구한말 유럽에서 들여온 서양꿀벌인데, 거의 전 세계에서 이 종류를 키우고 있어요.

어렸을 적에 누구나 한 번쯤 벌에 쏘이곤 해요. 꿀벌은 순한 편이

관찰해 볼까요?

머리: 큰 겹눈 한 쌍과 'ㄱ' 자로 꺾인 더듬이가 있어요.

날개: 얇고 투명한 두 장의 날개를 서로 붙어서 한 장처럼 움직여요.

가슴: 복슬복슬한 털이 잔뜩 나 있어요.

다리: 뒷다리에는 꽃가루를 뭉친 화분 덩어리를 매달고 있어요.

배: 노랗고 까만 가로줄무늬가 나 있어요.

지만, 사람이 괴롭히면 배 끝에서 벌침을 내밀어 쏘아요. 벌침은 알을 낳는 산란관이 변한 것으로 쏘는 벌은 모두 암컷인 일벌들이에요. 꿀벌의 침은 한쪽 방향으로 낚시미늘 같은 갈고리가 있어서 피부에 한 번 박히면 다시 거두지 못하고 계속 빠져나가 결국 침을 쏜 꿀벌은 밑이 빠져서 죽고 맙니다. 꿀벌이 자기 몸을 희생하면서까지 적을 쏘는 것은 벌집에 있는 자기 가족들과 꿀을 지키기 위해서예요.

어떤 사람은 꿀벌 똥구멍에서 꿀을 나온다고 속여 입을 갖다 대었다가 잘못해서 벌침에 혀를 쏘이게 만드는 장난을 치기도 하지요. 제가 어렸을 때도 호박꽃에 날아온 벌을 살살 만지다가 쏘지 않는 줄 알고 세게 움켜잡았더니 그만 손바닥에 침을 쏘이고 말았던 기억이 있어요. 이럴 때는 당황하지 말고 벌침을 천천히 제거하고 쏘인 부분을 잘 치료하는 것이 좋아요. 그때는 된장을 바르는 것이 만병통치약이었어요.

봄이 오면 겨우내 벌통 속에서 지내던 꿀벌들이 나들이를 시작합니다. 양봉을 치는 분들은 여기저기 벌통을 싣고 다니며 아까시꽃이나 밤꽃, 유채꽃 등이 핀 꽃밭 주변에 풀어서 꿀을 모읍니다. 사람들은 꿀벌에게서 꿀을 모을 뿐만 아니라 꽃가루와 프로폴리스라는 천연항생물질, 여왕벌이 먹고 사는 로열젤리 같은 물질까지 얻어냅니다. 또한 벌집은 양초와 비슷한 밀랍 성분으로 이루어져 이를 이용하기도 하고, 벌의 침은 봉침이라고 하여 신경통 같은 질병의 치료제로 한방에서 쓰이기도 합니다. 한 마디로 꿀벌에게서 버리는 것은 거의 없을 정도로 사람들에게 이용가치가 대단히 높아요.

최근에는 세계적으로 꿀벌의 수가 줄어들고 있다는 뉴스가 나왔습니다. 원인을 알지 못하는 이유로 꿀벌이 줄고 있는데, 지구에는 나쁜 소식이에요. 꿀벌이 식물의 꽃가루받이를 도와주는 엄청난 역할을 하기 때문이에요. 만약 지구상에서 꿀벌이 사라진다면? 꿀벌에 의지하여 번식하는 많은 식물들이 대를 잇지 못하고 사라질 것입니다. 당연히 사람들은 식물로부터 많은 먹을거리를 얻는데, 사람들 역시 식량난에 이를 것이라는 경고가 이어지고 있어요. 별것 아닌 것처럼 보이는 꿀벌은 사람들이 잘 알지 못하는 사이, 지구 생태계를 무사히 돌아가게 하는 데 큰 도움을 주는 존재랍니다.

 조금만 더

① **어리호박벌**: 가슴에는 노란 털이 나 있고 배는 짙은 흑청색이에요. 덩치가 커다란 호박벌이에요.
② **호박벌**: 암컷은 배 끝이 검고 수컷은 붉은빛이 나요. 꿀벌보다 크고 털이 많이 나 있어요.
③ **재래꿀벌**: 양봉꿀벌과 거의 비슷하게 생겼어요. 좀 더 짙은 색깔이에요.
④ **가위벌**: 잎사귀를 잘라 집을 짓는 벌이에요. 배 아랫면 털에 꽃가루를 잔뜩 묻혀요.

장수풍뎅이

 곤충강〉딱정벌레목〉장수풍뎅이과 | 몸길이: 35~55mm
볼 수 있는 시기: 여름 | 볼 수 있는 곳: 참나무 숲

    요즘 어린이들이 가장 좋아하는 곤충이 장수풍뎅이예요. 장수하늘소와 이름이 비슷해서 헷갈릴 때도 있는데, 장수하늘소는 우리나라 천연기념물이라 잡아서도 안 되고 길러서도 안 되지만, 장수풍뎅이는 애완용으로 기르는 친구들이 많아요. 또 장수하늘소는 다른 하늘소처럼 긴 더듬이가 있지만, 장수풍뎅이 더듬이는 매우 짧습니다. 대신 머리와 앞가슴에 있는 뿔이 자랑거리예요. 장수라는 말은 장군과 같은 뜻으로 옛날 병사들의 대장을 장수라고 불렀어요. 오래 살아서 장수는 아니에요.

    장수풍뎅이 역시 예전에는 그리 흔하지 않아서 여름철 따뜻한 남부지방에 가야 볼 수 있었어요. 그런데 언제부터인가 애완곤충 시장이 생기고 붐이 일면서 많은 농가에서 장수풍뎅이 사육을 시작했

습니다. 개인이 취미로 몇 마리 기르던 것에서 벗어나 농가의 소득 증대 사업으로 발전하여 요즘에는 시골에 가면 장수풍뎅이를 사육하는 농장을 어렵지 않게 찾을 수 있게 되었어요. 덕분에 장수풍뎅이는 요즘 마트에서도 손쉽게 살 수 있는 곤충이 되었습니다.

　장수풍뎅이 기르기는 그렇게 어렵지 않습니다. 어른벌레는 원래 참나무 숲에서 흐르는 나무수액을 핥아 먹고 사는데, 대신 과일즙이 들어가 있는 젤리를 먹여 키울 수가 있습니다. 또 애벌레는 썩어 가는 두엄이나 퇴비 더미 속에서 부엽토를 먹고 살지만, 이것도 대신 톱밥을 갈아 주어 키울 수 있어요. 장수풍뎅이는 덩치가 크고 사람 손에 올려 놓아도 별로 해가 없기 때문에 애완곤충으로 인기가 많아요. 더구나 수컷들은 뿔을 부딪치며 싸움을 하는데, 이런 모습도 참 재미난 광경이에요. 사슴벌레는 큰턱이 집게 모양으로 발달하여 좌우로 벌렸다 닫았다 하며 깨물지만, 장수풍뎅이는 머리를 아래위로 움직여 머리에 난 뿔과 가슴의 뿔을 맞물리게 할 수 있습니다. 나무수액에 모이는 곤충 중에서 장수풍뎅이는 가장 힘센 곤충으로 통해요.

　우리나라에는 장수풍뎅이가 3종밖에 알려져 있지 않지만, 동남아시아나 중남미 대륙에는 더욱 커다란 장수풍뎅이 종류가 많이 살고 있습니다. 특히 헤라클레스장수풍뎅이는 몸길이가 18cm나 되어 세계에서 가장 크고 무거운 곤충으로 기네스북에 올라가 있어요. 서양에서는 장수풍뎅이 종류를 코뿔소 딱정벌레(rhinoceros beetle)라고 불러요. 수컷의 머리에 난 뿔 때문에 붙인 이름이지요. 또 일본에서는 '가부토무시'라고 부르는데, 이것을 우리말로 번역하면 투구벌레, 즉 일본 무사들이 머리에 쓰던 투구를 닮았다고 해서 부르는 이름이에요.

　장수풍뎅이 인기가 높아지자 이것을 기르는 사람들도 많아졌는데, 한편으로 나중에 장수풍뎅이를 어떻게 해야 할지 고민하는 친구들도 보았어요. 키워 보지 못한 친구에게 분양해 주는 것은 좋지만, 그냥 가까운 산에 풀어 주면 어떠냐고 물어 보기도 해요. 사실 그렇게 하면 생태계에 교란이 일어날 수 있습니다. 장수풍뎅이가 원래부터 살고 있는 지역이라면 괜찮겠지만, 장수풍뎅이가 전혀 살지 않는 곳에 풀어 주면 결국 그곳에서 살지 못하고 죽을 수밖에 없는 데다가, 잘 알지 못하는 병균이 숲에 퍼질 수도 있어요. 키우다가 죽은 장수풍뎅이는 버리지 말고 표본으로 잘 만들어 보관하는 것이 더 좋을 것 같습니다.

 **조금만 더**

외뿔장수풍뎅이: 크기가 작고 뿔도 작아요.

넓적사슴벌레

 곤충강〉딱정벌레목〉사슴벌레과 | 몸길이: 수컷 40~60mm, 암컷 25~35mm
볼 수 있는 시기: 봄~여름 | 볼 수 있는 곳: 참나무 숲

　어린이들이 가장 좋아하는 곤충을 꼽으라면 아마도 장수풍뎅이와 함께 사슴벌레가 꼽힐 거예요. 요즘에 사슴벌레를 키우는 친구들을 많이 만납니다. 여름이면 사슴벌레를 잡으러 잠자리채를 들고 시골의 불 켜진 곳을 돌아다니는 친구들도 만났어요. 웬만한 사슴벌레는 다 키워 보고 잡아 보고 해서 사슴벌레에 대해 잘 아는 꼬마 곤충 박사님들이 많아졌어요. 넓적사슴벌레는 우리나라 사슴벌레 중에서 가장 흔하면서 크기가 커서 인기가 있습니다.

　사슴벌레가 가장 좋아하는 곳은 참나무 숲입니다. 어른벌레는 참나무 수액을 핥아 먹고 애벌레는 참나무 속을 갉아 먹고 살지요. 더운 여름철 참나무에서 흐르는 수액은 사슴벌레 말고도 많은 곤충을 불러 모아요. 가장 먼저 찾아오는 것은 말벌과 청띠신선나비에

요. 냄새를 잘 맡는 데다가 잘 날기 때문이지요. 그리고 대모꽃등에 같은 종류도 나무수액을 좋아하는데, 대부분 말벌에게 힘이 밀려 슬슬 눈치를 보며 수액을 핥습니다.

사슴벌레의 넓적한 몸은 나무에 붙어 껍질 틈에 몸을 숨기기에 알맞아요. 나무껍질 틈이나 나무구멍 속, 또는 나무 아래의 낙엽 쌓인 곳에도 잘 숨어 있습니다. 같은 나무에 밤에 와 보면 사슴벌레가 기어 나와 붙어 있는 것을 발견할 수도 있어요. 원래 사슴벌레는 야행성이니까요.

넓적사슴벌레는 밤중에 기어나와 불빛이 있는 화장실이나 가로등 밑에 떨어져 있는 일이 많아요. 깊은 숲에만 사는 것이 아니고 동네의 작은 야산이나 생태공원 같은 곳에도 살고 있는데, 예전에는 나무가 썩으면 벌레 생긴다고 잘라 버리는 일이 많았지만, 요즘은 이런 곤충들을 보호하기 위해 썩은 나무를 치우지 않고 쌓아 두면서 보호하기도 합니다.

넓적사슴벌레는 수컷들끼리 만나면 큰턱으로 물고 싸웁니다. 애벌레 시절에 잘 먹고 잘 자란 애벌레는 커다란 수컷이 되는데, 큰턱이 클수록 싸움에도 유리하고 암컷에게 인기를 얻습니다. 반면 암컷은 매우 짧은 턱이 있는데, 이것은 나중에 알을 낳을 때 썩은 나무를 깨물고 파낼 때 알맞습니다. 실제로 사슴벌레 암컷에게 깨물리면 무척 아파요. 수컷의 커다란 큰턱보다 암컷의 작지만 짧은 큰턱이 더 강하게 물 수 있어요.

사슴벌레 중에 제주도에만 살고 있는 두점박이사슴벌레는 우리나라 멸종위기종으로 보호받고 있어요. 사슴벌레가 많은 어린이들에게 인기를 끌어 곤충에 대한 관심이 높아진 것은 반가운 일이지만, 사슴벌레에게만 관심을 쏟는 것은 조심해야 해요. 어떤 친구들은 산에 올라가 사슴벌레를 잡겠다고 나무를 마구 베고 자르고 하면서 자연을 해치는 경우를 보았어요. 키우기 위해 한두 마리 잡을 수는 있겠지만 친구들에게 자랑하기 위해서 필요 없이 많이 잡고 또 이것을 다른 친구들에게 팔려고 하는 친구들도 있어요. 정말 사슴벌레를 좋아한다면 잡는 일보다 사슴벌레가 어떻게 살아가고 어떻게 보호해야 하는가 생각해 보았으면 좋겠습니다.

 **조금만 더**

① **다우리아사슴벌레**: 몸은 진한 밤색이고 큰턱은 짧은 편이에요.
② **두점박이사슴벌레**: 제주도에 사는 멸종위기 곤충이에요. 밝은 갈색 바탕에 두점박이 무늬가 있어요.
③ **애사슴벌레**: 넓적사슴벌레만큼 흔한데, 크기가 작아요.
④ **사슴벌레**: 갈색이며 크고 머리 위쪽이 코끼리 귀처럼 솟아 나와 있어요.
⑤ **톱사슴벌레**: 수컷의 큰턱은 위에서 아래를 향해 크게 휘어져요.

여치

곤충강〉메뚜기목〉여치과 | 몸길이: 40~50mm
볼 수 있는 시기: 여름~가을 | 볼 수 있는 곳: 산지 풀밭

　　여름철 따사로운 햇살이 비치는 풀밭에는 여치 울음소리가 들려요. '쩝- 그르르르르륵'. 수컷 여치가 암컷을 부르는 소리예요. 여치는 잘 울기 때문에 예전부터 울음소리를 감상하기 위해 키웠어요. 보릿대나 밀짚으로 엮은 여치집을 통풍이 잘되는 툇마루에 걸어 놓으면 더운 여름철에 시원한 울음소리를 들려주지요.

　　4월 말이면 풀밭에서 여치의 애벌레들이 나타나요. 지난겨울을 땅속에서 알 상태로 지내다가 온도와 습도가 높아지자 땅 위로 올라와 애벌레들이 된 것이지요. 처음 애벌레들은 꽃이 핀 풀밭에 살아요. 민들레꽃처럼 꽃송이가 크고 꽃가루가 많은 꽃에 올라와 꽃가루와 꽃대를 갉아 먹어요. 특히 애벌레들은 머리가 몸에 비해 큰 편이지요. 여치 애벌레는 허물을 벗으며 점점 몸이 커집니다. 허물 벗

관찰해 볼까요?

머리: 크고 둥글어요. 날카로운 큰턱과 몸길이만큼 긴 더듬이가 있어요.

가슴: 두껍고 튼튼해요.

날개: 날개가 짧은 편이라 잘 날지는 못해요. 수컷 앞날개에는 울음판이 있어서 우렁찬 소리를 내며 울어요.

배: 크고 볼록해요. 암컷의 배 끝에는 긴 산란관이 있어요.

다리: 두껍고 튼튼해요. 가시가 나 있어 먹이를 잡을 때 사용해요.

애벌레: 어릴수록 날개가 짧지만 자라면서 점점 길어져요. 허물을 벗고 있어요.

여치는 메뚜기 같은 다른 곤충을 잘 잡아 먹어요.

보릿대나 밀짚을 엮어 만든 여치집이에요.

을 때가 되면 풀줄기에 거꾸로 매달리는데, 중력의 도움을 받아 허물에서 쉽게 빠져 나오기 위해서예요. 잡식성인 여치는 곧 자기의 허물을 먹어 치웁니다. 애벌레는 성장함에 따라 점점 육식성이 강해지는데, 작은 곤충뿐만 아니라 같은 동족이라도 허물을 벗고 있을 때 잡아먹는 경우가 많아요.

6월이면 여치가 마침내 어른벌레가 되어 여기저기서 울기 시작해요. 특히 해가 잘 드는 양지 풀밭에 여치가 살고 있어요. 그렇지만 소리를 듣고 가까이 가면 어느새 눈치 빠른 여치는 울음소리를 뚝 멈추고 맙니다. 사람이 다가오는 것을 쉽게 알아챌 수가 있어요. 그래도 더 가까이 다가오면 풀쩍 뛰어 가시덤불 속으로 사라집니다. 보통 메뚜기들은 펄쩍 뛰어 다른 곳에 앉았다가도 사람이 가까이 오면 두려움을 참지 못해 다시 펄쩍 뛰는데, 이 모습 때문에 금방 앉은 곳이 들켜 버리지요. 그런데 여치는 가시덤불 속으로 뛰어내려 모습을 감추면 사람이 아무리 다가가도 뛰쳐나오지 않아요. 풀뿌리 근처까지 기어 내려가 숨어서는 사람이 지나갈 때까지 나오지 않고 버티는 것이지요.

특히 수컷 여치는 가시덤불 한곳에 한 마리씩 살고 있어요. 서양에서는 여치를 덤불 귀뚜라미(bush-cricket)라는 별명으로 불러요. 수컷들끼리는 워낙 경쟁심이 강하고 성질이 사납기 때문에 가까이 있을 수가 없어요. 암컷들은 울음소리를 가장 우렁차게 잘 내는 수컷에게 가까이 다가갑니다. 여치들이 짝짓기하는 모습은 쉽게 보기 어려워요. 수컷이 암컷과 만나면 산란관 아래쪽에 커다란 정자주머니를 붙여 주고 금방 짝짓기가 끝나기 때문이에요. 정자주머니가 크면 클수록 많은 정자가 들어 있고 나중에 암컷은 정자주머니를 먹어치우는데, 크면 클수록 영양분이 많기 때문에 암컷은 덩치가 크고 울음소리를 잘 내는 수컷을 좋아합니다.

계절이 지나는 동안 여치 수컷은 많은 곤충을 잡아먹고 열심히 노랫소리를 냅니다. 암컷은 주로 밤중에 땅바닥을 돌아다니며 알 낳을 적당한 곳을 찾습니다. 암컷의 배 끝에 길게 나온 산란관은 땅속 깊이 알을 찔러 넣기 알맞아요.

강원도 정선에 가면 레일 바이크를 타는 곳에 기차를 개조해 만든 여치 모양 카페가 있는데, 긴 더듬이와 긴 뒷다리의 독특한 모습이 관광객들의 시선을 끌어요. 그리고 우리가 사용하는 5,000원권 지폐 뒷면을 보면 신사임당의 초충도가 그려져 있지요. 그림을 자세히 보면 풀과 함께 땅바닥에 여치가 그려져 있는 것을 알 수 있어요.

 **조금만 더**

① **긴날개여치**: 여치와 아주 비슷하지만 날개가 길어서 잘 날아다녀요. 여치는 날개에 검은 점무늬가 있지만, 긴날개여치 날개에는 무늬가 거의 없어요.
② **어리여치**: 여치와 달리 날개에 우는 기관이 없어요.
③ **갈색여치**: 짙은 갈색이고 날개는 짧아서 어른벌레가 되어도 배를 절반밖에 가리지 못해요.
④ **우리여치**: 우리나라에만 살고 있는 여치예요.

왕귀뚜라미

 곤충강 > 메뚜기목 > 귀뚜라미과 | 몸길이: 30mm 내외
볼 수 있는 시기: 여름~가을 | 볼 수 있는 곳: 논밭 주변, 공원, 야산

귀뚜라미 중에서 가장 흔히 볼 수 있으면서 크기가 커서 왕귀뚜라미라고 불러요. 일본에서는 염라귀뚜라미라고 부르는데, 그 이유는 왕귀뚜라미의 독특한 얼굴 모양이 염라대왕처럼 보이기 때문이랍니다. 크고 둥근 왕귀뚜라미 얼굴에는 겹눈 위로 밝은 눈썹선 모양이 있어서 무슨 화난 사람의 얼굴처럼 보이기는 해요.

왕귀뚜라미는 6월이면 땅속에서 알이 부화하여 애벌레들이 땅 위로 올라옵니다. 갓 태어난 애벌레는 온통 까맣고 약해 보입니다. 점차 허물을 벗으며 성장하는데, 애벌레 시절 몸통을 가로지르는 흰색 선이 눈에 잘 띄어요. 이 선은 자라면서 날개가 길어지므로 사라지고 어른벌레가 되면 보이지가 않아요. 왕귀뚜라미는 9번 정도 허물을 벗어야 어른벌레가 됩니다.

여름과 가을철 사이, 논이나 밭 근처에서 '히이리리리—링' 하고 들리는 소리가 있어요. 마치 귀신 울음소리 같기도 한, 매우 특이한 소리가 왕귀뚜라미의 울음소리예요. 수컷은 돌 밑이나 구석에 숨어 해질녘부터 울음소리를 내는데, 수컷들끼리 만나면 사납게 싸웁니다. 대개 수컷은 돌아다니지 않고 암컷이 울음소리를 듣고 수컷을 찾아다녀요. 특히 왕귀뚜라미는 뒷날개가 잘 발달하여 밤에 불이 켜진 곳에 날아오기도 합니다. 맘에 드는 암컷을 만난 수컷은 곧 짝짓기를 합니다. 귀뚜라미의 짝짓기 역시 짧은 시간에 금방 끝납니다. 수컷은 작은 정자주머니를 암컷의 산란관 아랫부분에 살짝 붙여 주어요.

예전 속담에 '귀뚜라미는 7월에 들녘에서 울고 8월에 마당에서 울고 9월에는 마루 밑에서 울고 10월에는 방에서 운다'는 말이 있어요. 날이 점점 추워지면서 밖에서 들리던 귀뚜라미 소리가 점점 방으로 들어오는데, 아무래도 귀뚜라미 역시 추워져서 사람 가까이 오려는 것 같지요. 왕귀뚜라미는 공원이나 들판에 흔하긴 하지만 사람이 사는 집 안까지 들어오는 일은 드물어요. 들어오는 종류는 그보다 좀 더 크기가 작은 극동귀뚜라미나 알락귀뚜라미입니다. 밤에 활동하는 왕귀뚜라미는 여기저기 돌아다니며 여러 가지 식물성, 동물성 물질을 갉아 먹어요. 잡식성이라 가리는 것이 별로 없어요.

짝짓기를 마친 암컷은 산란관으로 땅을 찔러 가며 알을 몇 개씩 나누어 낳아요. 정교하게 움직이는 산란관은 알을 낳고 또 숨기는 도구로 요긴하게 쓰이지요. 뾰족한 산란관은 마치 바늘 모양 같은

데, 사람을 찌르지는 못해요.

　요즘 인터넷이나 귀뚜라미 농장에서 파는 종류 중에 왕귀뚜라미와 비슷한 종류가 있어요. 일본에서 들여온 열대산 쌍별귀뚜라미예요. 귀뚜라미는 잡식성이라 키우기 쉽고 번식력이 좋기 때문에 파충류 같은 애완동물의 먹이로도 쓰이고 울음소리를 듣기 위한 학습재료로도 쓰이고 있어요. 열대산 귀뚜라미는 사계절이 있는 우리나라에서 야생상태에서 살아갈 수는 없지만, 실내에서 연중 사육되고 있어요. 우리나라 왕귀뚜라미에 비해 쌍별귀뚜라미의 울음소리는 매우 크고 거세어 여러 마리가 울면 굉장한 소음처럼 느껴집니다. 농업과학원에서는 외래종 귀뚜라미 대신 토종 왕귀뚜라미를 인공적으로 사육하여 보급하려는 연구를 하고 있습니다.

① **뚱보귀뚜라미**: 제주도에 사는 가장 크고 뚱뚱한 귀뚜라미예요. 나무껍질 밑에 숨어 살아요.
② **새왕귀뚜라미**: 왕귀뚜라미와 매우 비슷하게 생겼어요. 주로 북쪽 지방에 나타나고 얼굴에 눈썹선이 거의 없어요.
③ **먹귀뚜라미**: 날개가 짧아 배를 가리지 못해요. 봄에 나타나 일찍 우는 귀뚜라미예요.
④ **쌍별귀뚜라미**: 일본에서 들여온 외래종 귀뚜라미로 여러 곳에서 판매하고 있어요.

사마귀

 곤충강〉사마귀목〉사마귀과 | 몸길이: 60~80mm
볼 수 있는 시기: 여름~가을 | 볼 수 있는 곳: 풀밭, 물가 하천변, 공원

마귀처럼 무서운 곤충으로 유명한 사마귀예요. 사마귀는 별명이 무척 많은 곤충 중 하나예요. '버마재비'라는 이름으로도 흔히 불리어요. 이것은 범+아재비, 즉 호랑이(범)의 아저씨라는 뜻이니까 그만큼 성질이 사나운 곤충이란 뜻이 있어요. 또 오줌싸개라는 이름도 쓰여요. 사마귀를 만지면 오줌을 싼다는 뜻도 있고 오줌을 잘 싸는 아이에게 사마귀 알집을 끓여 먹여서 그랬다는 얘기도 있어요. 또 가끔 사마귀 뱃속에 연가시라는 기생충이 살고 있는데, 사마귀를 연가시라고 부르는 이도 있어요. 중국 무술의 하나인 당랑권은 사마귀의 사냥 모습을 보고 만든 권법이지요. 서양에서는 사마귀를 기도하는 자(praying mantid)라는 별명으로 부르는데, 먹이를 기다리는 사마귀의 모습이 기도하는 사람의 모습을 닮았다고 생각한 것이지요.

따뜻한 봄이 오면 사마귀 알에서 애벌레들이 태어납니다. 하나의 알집에서 200~300마리의 새끼가 태어나요. 태어난 애벌레들은 크기만 작을 뿐 어른 사마귀와 똑같이 삼각형의 얼굴과 갈고리처럼 생긴 앞다리가 있어요. 애벌레는 잠시 모여 있다가 곧 여기저기로 흩어져요. 사나운 사마귀는 애벌레 때부터 다른 곤충을 잡아먹는데, 힘이 약한 형제를 잡아먹는 일도 있기 때문에 빨리 서로의 곁을 멀리 떠나는 것이 좋겠지요. 처음에는 진딧물처럼 작고 힘이 없는 곤충을 잡아먹다가 점점 더 큰 먹잇감을 사냥할 수 있을 정도로 힘이 세지고 크기가 자라요. 어른 사마귀는 메뚜기와 잠자리를 쉽게 잡아먹을 수 있고 어떤 경우에는 거미나 청개구리 등을 잡아먹는 일도 있어요. 사마귀는 살아 있는 것만 잡아먹는데, 움직이는 것만 볼 수 있기 때문에 곁에 가만히 움직이지 않고 있으면 아무리 사마귀라도 잡아먹지 못해요.

그렇지만 사마귀에게도 많은 천적이 있어요. 사마귀 몸에 알을 낳는 기생파리와 사마귀 알집에 알을 낳는 수시렁이, 기생벌 등이 있어요. 물론 몸이 커다란 새와 개구리, 도마뱀 등은 더 위험한 상대입니다. 사마귀는 깜짝 놀라면 우선 앞다리를 쭉 뻗어 나뭇가지 모양을 흉내 냅니다. 대벌레와 비슷한 자세로 먼저 위장을 해요. 그러다가 통하지 않으면 자리에서 뚝 떨어져 죽은 척하면 풀숲으로 숨어 들어가요. 몸이 날씬한 수컷 사마귀는 풀쩍 날아올라 멀리 도망가기도 해요. 그래도 적이 물러가지 않을 때는 최후의 수단으로 날개를 번쩍 치켜들며 배를 위로 구부리고 앞다리를 벌렸다 오므렸다 하며 위협을 해요. 작은 곤충이지만 이렇게 호들갑을 떨면 새도 겁을 먹고 달아난답니다.

사마귀는 짝짓기를 하다가 암컷이 수컷을 잡아먹는 경우가 많아요. 배고픈 암컷에게 수컷은 그저 맛있는 먹이에 불과할 뿐이랍니다. 후손을 남기기 위해 수컷은 결국 자기 몸을 암컷에게 바치는 셈이 되는데, 사마귀는 머리가 잘려도 금방 죽지 않아요. 덕분에 수컷 사마귀는 암컷에게 머리를 먹혀도 몸의 나머지 부분, 배와 다리가 살아서 무사히 짝짓기를 마칩니다.

알 낳을 때가 된 암컷 사마귀는 배가 있는 대로 커져요. 그리고 마침내 풀줄기나 바위틈에 거품을 내며 알집을 만듭니다. 처음에는 크림처럼 부드러운 거품이 나오는데, 이것이 알을 감싸고 나중에 굳으면 스티로폼처럼 가볍고 단단하면서 추위를 막아 주는 단열재 역할을 하여 알이 무사히 겨울을 날 수 있게 해 줍니다.

조금만 더

① **왕사마귀**: 사마귀보다 덩치가 조금 커요. 가슴에는 노란 점무늬가 있고 뒷날개를 펼치면 짙은 보라색 무늬가 있어요.
② **좀사마귀**: 크기가 작고 회색이나 갈색이 많아요. 겁이 많고 순한 사마귀예요.
③ **항라사마귀**: 날개가 투명한 옷감이 항라처럼 얇고 연해요. 앞다리에 노란 점무늬가 있어요.
④ **넓적배사마귀**: 특히 암컷은 배가 크고 넓적해요. 앞다리에 돌기가 있어요.

풀무치

곤충강〉 메뚜기목〉 메뚜기과 | 몸길이: 50~65mm
볼 수 있는 시기: 여름~가을 | 볼 수 있는 곳: 강변, 하천, 섬

거대한 메뚜기 떼가 하늘을 덮으며 날아가는 모습. 성경이나 신화에 나오는 얘기가 아니라 지금도 뉴스에서 한 번씩 나오는 실제 광경입니다. 메뚜기 중에는 평범하게 풀밭에서 뛰거나 노래 부르면서 사는 이들이 있는가 하면 이렇게 폭발적으로 수가 늘어나 부족한 먹이를 찾아 엄청난 떼를 지어 날아다니는 종류도 있습니다. 그런 메뚜기 중의 하나가 우리나라에도 살고 있는 풀무치입니다. 풀무치라는 이름은 풀에 묻혀 있는 벌레라는 뜻이 있는데, 풀첩치라고도 불러요.

혼자 있는 풀무치를 보면 크고 멋진 곤충입니다. 메뚜기 중에서도 가장 크기가 커서 어른 손안에 가득 들어갈 크기가 됩니다. 여간해서 사람 근처에 잘 오지 않는데, 한번 뛰었다 하면 풀쩍 날아서 강

을 가로질러 반대편으로 달아나기도 합니다. 풀무치는 인적이 드문 섬이나 버려진 황무지 같은 환경에 사는데, 의외로 사람들이 자주 다니는 한강 둔치 같은 곳에 살기도 합니다.

떼를 짓는 풀무치는 특별히 '누리'라고 불러요. 누리는 모습 자체가 평범한 풀무치 모양이 아니라 몸 색깔은 검게 변하고 앞가슴과 뒷다리는 짧아지는 대신 날개가 길어져 멀리 이동하기 좋은 모양으로 바뀝니다. 평화로운 메뚜기가 떼 짓는 무리로 바뀌는 원인은 애벌레 시절의 밀도 때문이랍니다. 자랄 때 옆에서 다른 메뚜기를 만나 부딪칠 일이 많아지면 그러한 자극이 메뚜기 몸의 호르몬에 영향을 주어 허물을 벗어 자랄 때마다 모양이 조금씩 바뀌게 되는 것입니다. 학자들은 메뚜기 뒷다리에 그런 자극을 받아들이는 털이 나 있다는 것을 알아냈고 붓으로 뒷다리를 문질러 떼 짓는 메뚜기로 변화시키는 실험에 성공했다고 합니다.

풀무치는 거의 전 세계에 널리 흩어져 사는데, 그만큼 이동력과 적응력도 좋지만 한편으로 어떤 지역에서는 사라지고 있는 메뚜기로 보호되고 있습니다. 큰 메뚜기이기 때문에 눈에 확 띄지만, 그만큼 번식하기 위해서는 넓은 땅, 버려진 땅이 필요하기 때문이에요. 도시가 발달하면서 메뚜기가 살기 좋은 풀밭과 황무지는 점점 사라지고 있으니까요. 풀무치는 우리나라 서울시에서도 보호 야생동식물로 지정되어 있는 상황입니다. 그래서 청계천에 풀무치가 나타났다는 뉴스가 보도된 적이 있어요.

풀무치는 강아지풀이나 억새, 벼 같은 벼과식물을 먹고 삽니다.

벼과식물은 줄기가 억세고 강한 편인데, 그것을 갉아 먹는 풀무치의 큰턱 역시 매우 강인합니다. 가을 무렵 날씨가 쌀쌀해지면 풀무치들이 따뜻한 양지에 내려앉아 몸을 비스듬히 기울이고 일광욕을 즐기는 모습을 볼 수 있어요. 변온동물인 풀무치는 특히 추위에 약한데, 풀을 잔뜩 갉아 먹은 뒤 일광욕을 해서 몸의 온도를 높이지 못하면 먹은 것을 소화시키지 못합니다. 그래서 해가 비치는 방향을 따라 몸을 눕히고 이쪽저쪽 몸 온도를 따뜻하게 만들려고 하는 것입니다.

짝짓기를 마친 암컷은 땅속 깊이 배를 집어넣어 거품을 일으키고 그 안에 노란색 알을 잔뜩 낳습니다. 알로 겨울을 나고 내년에 다시 따뜻한 날씨에 풀들이 자라면 풀무치의 애벌레들이 깨어나 풀밭을 돌아다녀요.

① **팥중이**: 몸은 대개 칙칙한 갈색이고 뒷날개는 연한 노란색에 옅은 검정 띠무늬가 있어요.

② **콩중이**: 몸은 녹색이나 갈색이고 뒷날개는 짙은 노란색에 짙은 검정 띠무늬가 있어요.

③ **두꺼비메뚜기**: 몸은 갈색이고 두꺼비의 혹처럼 우툴두툴한 잔혹이 나 있어요.

베짱이

 곤충강〉 메뚜기목〉 여치과　|　몸길이: 30mm 내외
볼 수 있는 시기: 여름~가을　|　볼 수 있는 곳: 야산, 습지, 그늘진 숲속

'쓰익- 쩍, 쓰익- 쩍', 여름과 가을철 사이, 들리는 베짱이 울음소리를 글로 표현하면 이렇게 들릴 것 같은데, 베짱이라는 이름은 베를 짤 때 내는 소리와 비슷하다는 뜻에서 왔다고 합니다. 그래서 중국에서는 직조충(織造蟲)이라고도 합니다. 어떤 친구들은 배짱이 좋아서 그렇다고 하는데, 발음만 비슷하고 뜻은 전혀 다른 말이에요. 낮 동안 열심히 논에서 농사일을 하고 해가 지면 집에서 베를 짜기 위해 베틀을 돌리는데, 그 무렵 베짱이 소리가 많이 들리기 시작했다고 해서 베짱이라는 이름을 얻었다고 하지요.

〈개미와 베짱이〉라는 이솝 우화를 통해 베짱이를 알고 있는 사람들이 많아요. 노래하고 노는 것만 좋아하는 사람들을 흔히 베짱이라고 비유하기도 해요. 그렇지만 개미와 베짱이는 사는 방식이 다를

뿐, 우화에서처럼 정확히 비교되지는 않아요. 개미는 여왕개미 밑에서 평생 노예처럼 일하지만, 베짱이는 한철 열심히 노래하고 겨울이 오기 전에 후손을 남기고 죽습니다. 그렇게 본다면 베짱이가 더 나은 생활을 하는 것인지도 모르겠지요.

6월이면 베짱이 애벌레가 부화하여 풀숲을 돌아다닙니다. 어린 애벌레는 잡식성으로 꽃이나 열매 등을 먹고 살지만 자라면서 점점 육식성이 강해져 같은 동족을 포함하여 다른 곤충을 잡아먹고 살아요. 베짱이의 앞다리와 가운뎃다리에는 각각 6쌍의 길고 뾰족한 가시가 나 있는데, 이것이 바로 사냥도구예요. 다른 곤충이 걸리면 이 가시가 난 다리로 꽉 붙들고 큰턱으로 깨물어 잡아먹습니다. 잘못 잡으면 사람 손도 깨물어 피가 날 수 있으므로 조심해야 합니다.

해가 지고 어두워지면 풀숲 여기저기서 베짱이 울음소리가 들립니다. 소리가 들리는 방향으로 조심스레 손전등을 비추면 베짱이가 날개를 벌리고 우는 장면을 볼 수 있어요. 이때에는 가능한 한 조심스레 잡음이 들리지 않도록 접근해야 하는데, 눈치가 빨라 사람이 다가오는 것을 느끼면 울음소리를 멈추고 훌쩍 날아서 다른 곳으로 도망가 버립니다.

낮 동안 베짱이는 풀잎사귀에 가만히 붙어 쉽니다. 특히 수컷은 날개 모양이 넓적한 잎사귀 모양이라 움직이지 않으면 찾기 힘들어요. 암컷의 날개는 녹색으로 밋밋한 편이지만, 수컷의 날개에는 울음소리를 내는 커다란 마찰판과 발음경이 갈색으로 있어 눈에 잘 띄어요. 육식성인 사마귀와 마찬가지로 낮에는 보통의 눈 색깔을 하고 있지만 밤이 되면 더 잘 보기 위해서 검정색으로 눈 색깔이 변합니다.

베짱이는 잎사귀 위에서 생활하기 때문에 미끄러지지 않도록 발목마디 끝에 빨판 같은 구조가 발달했어요. 그래서 유리병에 넣어 두면 금방 타고 올라와 뚜껑에 붙는 일이 많지요. 사육통 안에 베짱이 여러 마리를 기르면 서로 잡아먹고 마지막에 한 마리밖에 남지 않아요. 육식성인 곤충을 키울 때는 좁은 곳에 여러 마리를 넣으면 안 되고 먹이가 되는 작은 벌레를 자주 넣어 주거나 잎사귀나 나뭇가지 등 복잡한 구조의 숨을 수 있는 물체를 넣어 주어 싸우지 않도록 신경을 써야 해요.

 **조금만 더**

① **실베짱이**: 초록색의 연한 베짱이로 잎이나 꽃을 갉아 먹는 초식성이에요.
② **날베짱이**: 크고 잘 날아다녀요. 앞다리는 붉은색이에요.
③ **줄베짱이**: 수컷은 몸통 위로 세로의 짙은 갈색 줄이 있고 암컷은 흰색 줄이 있어요.
④ **중베짱이**: 베짱이보다 크고 사나워요. 수컷은 나무 위에서 밤새도록 울어요.

우리벼메뚜기

 곤충강〉메뚜기목〉메뚜기과 ㅣ **몸길이: 30~40mm**
볼 수 있는 시기: 여름~가을 ㅣ 볼 수 있는 곳: 논밭 주변, 물가, 습지

가을철 논에 가면 황금빛으로 물든 벼 이삭에 메뚜기들이 붙어 있어요. 벼에 많다고 해서 벼메뚜기예요. 우리나라 고유종이라서 우리벼메뚜기인데, 보통 벼메뚜기라고 부릅니다. 농사를 많이 짓던 우리나라에서 가장 친숙한 곤충을 꼽으라면 벼메뚜기가 아닐까 싶어요. 벼메뚜기는 예전부터 우리나라 사람들이 잡아서 구워 먹던 메뚜기입니다. 사람이 먹는 쌀, 그리고 쌀이 열리는 벼를 먹고 사니 당연히 벼메뚜기는 사람에게 아무런 해를 주지 않는, 먹어도 괜찮은 곤충이었습니다.

제가 어렸을 때 논에 가면 벼메뚜기를 잔뜩 잡아서 강아지풀에 주렁주렁 매달고 잡아 왔던 기억이 있어요. 그대로 구워 먹기도 하고 닭장에 갖다 주면 닭들이 서로 달려들어 메뚜기를 잡아먹곤 했

습니다. 벼메뚜기가 많았던 시절에는 그저 벼를 해치는 해충으로만 생각했는데, 요즘에는 주위에 논이 점점 줄어들고 농약을 많이 사용해서 그런지 벼메뚜기 보기가 쉽지 않아요. 최근에는 사람들이 친환경적인 생각을 하면서 생태계를 해치는 농사법을 꺼리게 되었고 오히려 벼메뚜기가 많으면 유기농이라고 해서 더 비싸게 팔리고 있지요. 일명 '메뚜기쌀'이라는 상품도 나와 있습니다.

벼메뚜기는 사실 벼 외에 강아지풀이나 잔디, 옥수수처럼 벼과 식물이라면 무엇이든 먹고 살아요. 한때 농가에 메뚜기 사육 붐이 있었던 때가 있었는데, 비닐하우스에 옥수수를 심어서 벼메뚜기를 대량으로 사육하는 방법을 썼습니다. 벼메뚜기를 볶아 술안주나 동물사료로 개발하는 목적이었는데, 요즘 사람들은 그저 호기심에 벼메뚜기를 몇 점 먹겠지만, 워낙 다양한 먹을거리가 많다 보니, 벼메뚜기가 식품으로 성공을 거두기는 힘들었던 것 같습니다. 더욱이 요즘 팔리는 벼메뚜기는 중국이나 북한에서 수입하는 것들이라 수지타산이 맞지 않았을 것입니다. 메뚜기 같은 곤충식품이나 곤충요리는 동남아시아 여행을 가면 지금도 쉽게 맛볼 수 있는데, 메뚜기볶음은 새우튀김과 맛이 비슷하지요. 앞으로 생태계와 지구환경을 보호하기 위해서 큰 동물을 사육하여 육식을 하는 것보다 작은 동물인 곤충을 먹는 시대가 올 것이라는 예견도 있습니다.

벼메뚜기는 적응력이 뛰어나 여러 곳에 살 수 있지만, 특히 논처럼 물이 많은 곳, 습지나 연못 주변 등에 많이 살고 있습니다. 습한 환경을 좋아하기 때문이에요. 논에서 벼메뚜기를 쫓으면 풀쩍 뛰어

물에 빠지는 일이 많은데, 벼메뚜기는 특히 수영을 잘합니다. 뒷다리 종아리마디가 배에서 물을 저을 때 쓰는 노처럼 발달해 있기 때문이에요.

6월이면 애벌레가 부화하고 8월이면 벼메뚜기 성충들이 보이는데, 가을까지 왕성하게 벼 잎을 갉아 먹으며 땅속에 다시 알을 낳습니다. 한번은 11월에 논에서 태어난 벼메뚜기 애벌레를 본 적이 있어요. 사실 열대지방 같으면 연중 메뚜기가 태어나지만, 우리나라는 겨울이라는 힘든 시기가 있기 때문에 아무리 애벌레가 태어났다 하더라도 겨울 추위와 먹이 부족을 견디지 못하고 죽고 맙니다. 따라서 '메뚜기도 한철이다'라는 옛날 속담처럼 우리나라에서 대부분의 메뚜기는 여름에서 가을 한철 사이에 왕성하게 활동하고 겨울은 알 상태로 지냅니다.

 **조금만 더**

① **벼메뚜기붙이**: 벼메뚜기와 비슷한 줄무늬가 있지만 앞날개에 밝은색 선이 있어요.
② **긴날개밑들이메뚜기**: 벼메뚜기와 역시 비슷하게 생겼지만 사는 곳은 전혀 달라 산에 살아요.
③ **원산밑들이메뚜기**: 벼메뚜기나 긴날개밑들이메뚜기처럼 비슷하게 생겼지만 줄무늬가 훨씬 짙고 선명해요.

된장잠자리

 곤충강 〉 잠자리목 〉 잠자리과 | 날개 편 길이: 85mm 내외
볼 수 있는 시기: 여름~가을 | 볼 수 있는 곳: 논밭, 연못, 습지

갈색의 몸통이 된장 색깔과 비슷하다고 된장잠자리라고 불러요. 가을에 몸통이 온통 빨갛게 변하는 고추잠자리나 고추좀잠자리에 비해 된장잠자리는 빨갛게 변하지 않고 처음부터 그대로 갈색이에요. 된장잠자리는 우리나라에서 가장 흔한 잠자리 중의 하나예요. 북한에서는 된장잠자리를 '마당잠자리'라고 부르는데, 이것은 흔히 집 안마당에 많이 날아다니고 빨랫줄 같은 곳에 많이 앉는 대표적인 잠자리이기 때문이에요.

된장잠자리는 보통 무리 지어 날아다녀요. 여름과 가을 사이에 잠자리 떼가 하늘을 가득 덮는 일이 많은데, 그것이 바로 된장잠자리들이랍니다. 무리 지어 날아다니다가 모기나 하루살이 떼가 모여 있는 곳을 지나면 순식간에 된장잠자리들이 많은 벌레들을 잡아

머리: 크고 둥글어요. 더듬이는 짧아서 거의 보이지 않고 대신 커다란 겹눈이 발달했어요.

다리: 가늘고 길어요.

가슴: 튼튼한 근육으로 가득 차 있어요.

날개: 2쌍의 투명한 날개가 잘 발달했어요. 특히 뒷날개가 더 넓적해요.

배: 길고 날씬해요. 된장처럼 갈색이에요.

관찰해 볼까요?

애벌레: 물속에 살아요.

먹어요. 잠자리는 작은 날벌레들을 잡아먹기 때문에 사람에게 이로운 곤충이라고 할 수 있어요. 저녁 무렵 벌레들을 잔뜩 먹어치운 된장잠자리들은 어두운 그늘 나뭇가지로 모여들어 단체로 잠에 빠집니다. 시력이 밝은 잠자리들은 해가 떠 있는 동안에만 활동하고 날이 어두워지면 앞을 잘 볼 수 없어 그대로 나뭇가지나 풀줄기에 매달려 잠이 드는데, 밤중에 전등을 들고 그런 장소에 가 보면 된장잠자리들이 크리스마스트리의 장식처럼 잔뜩 매달려 있는 것을 볼 수 있어요.

된장잠자리는 원래 동남아시아 같은 열대지방에 많은 수가 살고 있어요. 알에서 태어난 애벌레가 어른 잠자리가 될 때까지 약 한 달이면 한살이가 돌아가기 때문에 점점 많은 수가 늘어나요. 수가 늘어난 잠자리들은 서서히 무리를 지어 날아다니다가 바람을 타고 북쪽으로 이동하기도 합니다. 몸이 가볍고 특히 날개가 잘 발달한 된장잠자리는 바람을 타고 날아가 다른 나라에까지 도착하는 경우가 많아요. 사실 된장잠자리는 잠자리 중에서도 비행능력이 가장 뛰어난 편이라 전 세계 바다를 마음대로 건너다닙니다. 믿기 어려울 수 있겠지만, 여름철 배를 타고 섬으로 여행 갈 때 하늘을 자세히 보면 바다를 건너는 된장잠자리를 만날 수가 있어요. 날다가 지친 된장잠자리는 배에 내려앉기도 해요.

짝짓기를 마친 암컷은 여기저기 날아다니며 알을 낳는데, 반짝반짝하는 것만 보고 물로 착각하고 잘못 알을 낳는 수가 많아요. 원래는 물에 낳아야 하지만, 자동차 위나 페인트칠한 바닥 등 반짝거리는 표면이 잠자리를 잘못 인도한답니다.

이른 아침에는 잠자리도 잠이 덜 깨어 사람이 다가가도 눈치를 잘 채지 못하고 쉽게 잡혀요. 또 낮에는 가지 끝에 앉은 잠자리에게 살금살금 다가가 뒤쪽으로 날개를 붙잡으면 맨손으로도 잠자리를 잡을 수 있어요. 나뭇가지에 거미줄을 묻혀 잠자리에게 덮어씌우면 쉽게 잡을 수도 있어요.

예전에 장난감이 없을 때 잠자리를 잡아서 괴롭히던 장난을 많이 했어요. 잠자리 꼬리에 지푸라기를 꽂아 날리기도 했고 날개를 떼어 괴롭히는 일도 많았어요. 사람에게 해로운 파리나 모기 같은 해충을 없애 주는 잠자리에게 사람은 못된 일만 한 적이 많아요. 지금도 어떤 어린이들은 잠자리를 쓸데없이 많이 잡아 통 속에 가두고 친구들에게 자랑만 하다가 다 죽이는 것을 보았어요. 우리에게 해를 주지 않는 잠자리를 괴롭히는 일은 그만했으면 좋겠습니다. 더 좋은 장난감도 많으니까요.

 **조금만 더**

① **고추좀잠자리**: 된장잠자리만큼 흔한 잠자리예요. 수컷은 배가 빨갛게 변해요.
② **날개띠좀잠자리**: 날개 안쪽으로 띠무늬가 있어요.
③ **깃동잠자리**: 날개 끝부분에 검은 깃동무늬가 있어요.
④ **밀잠자리**: 암컷은 갈색이지만, 수컷은 파란색으로 변해요.

누에나방

 곤충강〉 나비목〉 누에나방과 | 날개 편 길이: 30~50mm
볼 수 있는 시기: 1년 내내 | 볼 수 있는 곳: 사육실

    누에는 누에나방의 애벌레를 가리키는 말이에요. 애벌레 시절에는 뽕나무 잎을 먹고 자라 날개 달린 나방이 되지요. 누에는 누워 있는 벌레라는 뜻이 있어요. 잎사귀에 가만히 붙어 있을 때는 누워서 잠자는 것처럼 보이지요. 또 실을 내는 모습을 보면 바늘에 실을 꿰어 천을 누비는 모습 같다고 누비는 벌레라는 설명도 있어요. 누에를 기르는 것을 양잠이라고 합니다. 한문으로 누에를 잠(蠶)이라고 쓰고 서양에서는 실크를 만드는 나방(silk moth)이라고 불러요.

    사람들이 누에를 치기 시작한 것은 역사가 오래되었어요. 양잠은 기원전 3,000년 무렵 중국 산동지방에서부터 시작했는데, 중국 황제의 부인 서능왕후가 누에를 관찰하다가 우연히 뜨거운 물을 부으면 누에고치로부터 부드러운 실이 풀어진다는 것을 발견하면서

알

배: 특히 암컷은 배가 크고 뚱뚱해요. 많은 알을 품고 있어요.

관찰해 볼까요?

날개: 흰색 가루로 덮여 있어요. 날개가 있지만 날지 못해요.

머리: 한 쌍의 깃털 모양 더듬이가 있어요. 입은 퇴화하여 아무것도 먹지 않아요.

누에: 배 위에 콩팥 무늬가 있고 배 끝에 작은 돌기가 있어요.

번데기: 실로 고치를 만들어 그 속에 들어가 번데기가 돼요.

부터라고 해요. 이때부터 누에로부터 명주실을 짜는 기술이 궁중 비법으로 전해 오다가 한국과 일본으로, 다시 티베트와 인도로, 결국 실크로드를 통해 서양에까지 전해지게 되었다고 합니다. 당시 서양에서는 명주실로 짠 비단옷이 귀족들 사이에 인기가 매우 높아 금과 맞먹는 돈을 주어야 살 수 있었다 하고, 비단을 만드는 비법을 알기 위해 중국으로 비밀첩자를 보내기도 했다고 합니다.

원래 야생 누에는 산에 사는 멧누에입니다. 멧누에는 지금도 야외에서 쉽게 볼 수 있는데, 멧누에가 오랫동안 사람에게 길들여져 누에가 되었습니다. 사람들이 늑대를 길들여 개로 만들었고 멧돼지를 길들여 돼지로 만든 것과 마찬가지예요. 사람에게 완전히 의존하게 된 누에는 사람이 따다 주는 뽕잎을 먹으며 자라다가 어른 나방이 되어도 더이상 날 수가 없고 사람 손에 의해 번식을 하게 되었어요.

사람들은 누에의 알을 냉장고에 보관했다가 편리한 때에 꺼내 부화시킵니다. 처음 태어난 누에는 새까맣고 작기 때문에 흔히 개미누에라고 불러요. 한 잠, 두 잠, 석 잠을 자고 나면 누에는 커지고 하얀색이 됩니다. 누에를 키우는 방에 들어가면 누에가 뽕잎을 갉아 먹는 소리와 똥 누는 소리가 섞여 마치 비가 내리는 것 같은 소리가 들리기도 해요. 서울 송파구에 있는 잠실(蠶室)은 예전에 누에를 많이 치던 곳이었어요.

번데기로 변하기 위해 누에는 입에서 실을 냅니다. 둥근 고치를 짓고 그 안에 들어가 번데기가 됩니다. 이 고치를 사람들은 따다가 끓는 물에 집어넣고 실을 자아냅니다. 하나의 고치에서 무려

1,000~1,500m나 되는 실이 나옵니다. 그리고 번데기는 버리지 않고 그대로 삶아 먹습니다. 요즘은 통조림으로 팔기도 하는데, 번데기를 잘 보면 나방이 되기 위해서 다리와 날개를 갖추고 있는 것을 볼 수 있어요.

우리나라는 예전부터 누에를 많이 쳐서 세계 4위의 양잠국가에 오르기도 했습니다. 당시에는 양잠기술자들이 외국에 나가 우리의 우수한 기술을 전파하기도 했어요. 예전에는 단순히 누에로부터 실을 뽑기만 했는데, 최근에는 누에로부터 여러 가지 특수한 약용물질을 추출하기도 합니다. 전북 부안에 가면 누에를 주제로 다양한 전시를 하고 있는 누에타운이 있습니다.

 **조금만 더**

① **가죽나무산누에나방**: 가죽나무 잎을 먹고 자라요. 몸에 돌기가 잔뜩 돋아 있어요.
② **멧누에나방**: 누에처럼 뽕나무 잎을 먹고 자라요. 누에의 조상이에요.
③ **밤나무산누에나방**: 밤나무 잎을 먹고 자라요. 몸 옆에 파란색 눈알무늬가 있고 긴 털이 많이 나 있어요.
④ **참나무산누에나방**: 참나무 잎을 먹고 자라요. 잔털이 듬성듬성 나 있어요.

무당벌레

곤충강 〉 딱정벌레목 〉 무당벌레과 | 몸길이: 7~9mm
볼 수 있는 시기: 1년 내내 | 볼 수 있는 곳: 논밭, 공원, 야산

    굿을 하는 사람을 무당이라고 하지요. 예전에는 마을에서 재를 올리거나 제사를 지낼 때 무당이 울긋불긋 화려한 옷을 차려입고 굿을 하는 장면을 볼 수 있었어요. 무당벌레는 화려한 무늬가 무당의 옷차림과 비슷해서 붙은 이름이에요. 무당거미와 무당개구리도 매우 화려한 색깔과 무늬를 자랑하는데, 같은 의미가 있지요. 북한에서는 무당벌레를 '점벌레', '됫박벌레'라고도 불러요. 점벌레는 몸에 점무늬가 많다는 뜻이고 됫박벌레는 동그란 몸매가 뒤집어 놓은 바가지 모양과 비슷하다는 뜻이 있어요. 서양에서는 성모 마리아의 벌레(lady beetle)라고 부르는데, 진딧물을 잡아먹는 무당벌레가 농사를 도와주어서 그렇대요.

    무당벌레는 숲, 들판, 공원, 논밭 주변 어디에나 흔하게 살아요.

식물이 있고 진딧물이 생기는 곳이면 어디에나 살 수 있지요. 특히 진딧물이 많이 낀 가로수를 살펴보면 무당벌레의 알과 애벌레, 번데기, 그리고 무당벌레까지 모두 살펴볼 수 있어요.

무당벌레는 애벌레나 어른벌레나 모두 진딧물 같은 농작물 해충을 먹어치우기 때문에 흔히 살아 있는 농약이라고 불려요. 실제로 생태계에 해로운 화약제품인 농약을 쓰는 대신 무당벌레를 떼로 풀어서 진딧물을 없애는 방법이 이용되고 있어요. 무당벌레를 손에 올려 놓으면 계속 위로 올라가는 습성을 보이는데, 이런 습성도 가지 끝에 주로 생기는 진딧물을 잡아먹다 보니 생긴 버릇이라고 해요.

그런데 무당벌레가 모두 진딧물만 먹는 것은 아니에요. 진딧물 대신 꽃가루를 먹는 일도 많고 먼저 태어난 애벌레가 미처 태어나지 않은 알을 갉아 먹는 일도 있어요. 또 애벌레가 번데기로 변할 때 잘 움직이지 못하는데, 이때 다른 애벌레가 번데기를 먹는 일도 있어요. 육식성인 무당벌레는 자기 힘으로 잡아먹을 수 있는 작은 곤충과 애벌레, 알 등을 다 먹을 수 있어요.

무당벌레 중에서 덩치가 가장 큰 남생이무당벌레는 특히 버드나무에 잘 생기는 잎벌레들의 애벌레를 잘 잡아먹어요. 한편 흰가루병균을 먹는 노랑무당벌레 같은 종류도 있고 깍지벌레를 잘 잡아먹는 홍테무당벌레 같은 종류도 있어요. 그런데 육식성이 아니라 잎을 갉아 먹는 식식성 무당벌레도 있는데, 큰이십팔점박이무당벌레가 대표적이에요. 이 무당벌레는 애벌레와 어른벌레 모두 감자나 가지, 토마토, 구기자 등 농작물의 잎을 갉아 먹기 때문에 해충으로 취급

받기도 해요. 무당벌레의 점 개수가 적으면 익충이고 많으면 해충이라는 말이 있는데, 어느 정도 일리가 있는 말이지요.

사실 무당벌레는 우리나라에 90여 종이 있는데, 모두 크기와 점무늬가 다르답니다. 종류에 따라서 점 개수가 일정한 것도 있지만, 가장 흔한 보통의 '무당벌레'는 점무늬가 있는 것, 없는 것, 2개인 것, 4개인 것, 13개인 것, 19개인 것, 바탕색이 까만색, 빨간색, 노란색인 것 등 아주 변화가 많아요. 그렇지만 이것은 모두 같은 종이랍니다.

무당벌레는 1년에 2번 이상 태어날 수 있고 겨울은 어른벌레로 지내요. 추위가 다가오면 무당벌레들이 아파트 베란다를 타고 집에 들어오는 일도 많아요. 온도 변화가 적은 서늘한 곳을 찾아 무당벌레가 모이다 보면 큰 집단을 이루기도 해요. 뭉쳐서 겨울을 지내다 보면 아무래도 추위를 이겨 내기도 쉽고 봄이 오면 짝을 찾기도 쉬울 테니까요.

조금만 더

① **칠성무당벌레**: 빨간 바탕에 까만 점무늬 7개가 찍혀 있어요.
② **큰이십팔점박이무당벌레**: 주황색 바탕에 28개의 점무늬가 찍혀 있어요. 감자나 토마토의 잎을 갉아 먹는 무당벌레예요.
③ **남생이무당벌레**: 무당벌레 중에서 가장 덩치가 커요.
④ **달무리무당벌레**: 딱지날개 무늬가 흐린 날 달 주변에 생기는 달무리처럼 생겼어요.

버들잎벌레 | 버드나무 새순을 좋아하는 곤충
꽃등에 | 꽃가루를 옮겨 주는 꿀벌 닮은꼴 파리
모메뚜기 | 낙엽을 먹고 사는 청소부 곤충
점박이꽃무지 | 여름에 활동하는 초식성 곤충
하늘소 | 긴 더듬이가 독특한 야행성 곤충
참매미 | 여름날 합창하는 곤충
진딧물 | 생태계의 균형을 맞추는 곤충
긴꼬리 | '루-루-루' 울음소리가 아름다운 곤충
풀잠자리 | 풀 위에서 진딧물을 먹고 사는 곤충
산맴돌이거저리 | 나무속을 먹고 사는 곤충
왕바구미 | 긴 주둥이가 독특한 초식성 벌레
주홍날개꽃매미 | 화려한 날개로 눈을 사로잡는 곤충
흰개미 | 죽은 나무를 먹고 사는 바퀴의 친척
남방차주머니나방 | 나뭇가지에 도롱이 집을 짓는 곤충
일본왕개미 | 생태계에서 어마어마하게 중요한 곤충

2

식물 곁에서 지구를 지키는 곤충

버들잎벌레

 곤충강 〉 딱정벌레목 〉 잎벌레과 | 몸길이: 7~9mm
볼 수 있는 시기: 4~6월 | 볼 수 있는 곳: 습지, 계곡

    봄이 오는 물가에 가면 물오른 버드나무에 버들강아지가 피어납니다. 강아지풀처럼 보드라운 버들강아지는 사실 버드나무의 꽃송이지요. 버들강아지가 떨어지면서 잎사귀가 돋아나면 어느 틈엔가 작은 곤충이 나타나 잎을 갉아 먹습니다. 버드나무에 많이 생긴다고 해서 버들잎벌레라고 부릅니다.

    잎벌레는 주로 식물의 잎을 갉아 먹는 딱정벌레의 한 무리입니다. 이름이 비슷해서 헷갈리는 잎벌이 있는데, 잎벌은 잎을 갉아 먹는 원시적인 벌 종류이고 잎벌레는 무당벌레와 마찬가지로 딱정벌레 무리에 속해요. 무당벌레의 경우 더듬이가 매우 짧아 거의 보이지 않지만, 잎벌레의 더듬이는 긴 실 모양이라서 비슷하게 생긴 종류에서도 쉽게 구별할 수 있어요. 서양에서도 잎에 사는 딱정벌레

얼핏 보면 무당벌레와 비슷한 점무늬가 있어요.

관찰해 볼까요?

산란: 노랗고 길쭉한 알을 잎사귀 뒷면에 뭉쳐 놓아요.

다리: 짧지만 튼튼해요.

딱지날개: 딱지날개에는 굵은 점무늬가 있어요.

번데기: 애벌레 상태에서 거꾸로 매달린 채 번데기가 돼요.

가슴: 가운데는 짙은 색이고 양쪽 가장자리는 밝은색이에요.

머리: 실 모양의 더듬이 한 쌍이 있어요.

(leaf beetle)라고 불러요.

버들잎벌레는 어른벌레뿐만 아니라 애벌레 역시 버들잎을 많이 갉아 먹습니다. 특히 새순이 돋아나는 곳을 좋아하는데, 잎벌레가 많이 생기면 새순이 자라지 못하고 죽어 버리는 일도 있어요. 식물의 새순은 부드럽고 연한 데다가 곤충들이 먹지 못하도록 막는 방어물질이 들어 있지 않기 때문에 많은 곤충들이 새순을 집중 공격해요.

버들잎벌레의 애벌레는 짙은 흑색으로 잎사귀에 덕지덕지 붙어 있는데, 번데기가 될 무렵에는 잎사귀 뒷면에 집단으로 거꾸로 매달려 번데기가 됩니다. 이때 잘 나타나는 천적으로 남생이무당벌레가 있어요. 무당벌레 중에서 가장 덩치가 큰 남생이무당벌레는 버드나무에 생기는 버들잎벌레의 가장 큰 천적이에요. 보통 무당벌레는 진딧물을 먹지만, 남생이무당벌레는 덩치가 커서 그런지 잎벌레의 애벌레를 잘 잡아먹습니다. 위기를 넘긴 버들잎벌레는 어른벌레로 우화하여 버드나무 가지를 오르내리며 다시 짝을 찾거나 잎사귀를 갉아 먹어요.

버드나무에는 버들꼬마잎벌레도 살고 있어요. 버들잎벌레보다 크기가 훨씬 작고 짙은 남색으로 반짝거리는 작은 딱정벌레인데, 잎벌레 중에는 이렇게 청색으로 반짝거리는 비슷하게 생긴 종류가 많습니다. 오리나무에 사는 오리나무잎벌레, 소리쟁이를 갉아 먹는 좀남색잎벌레, 쑥을 먹는 쑥잎벌레, 그리고 봄철 노란 꽃에 자주 보이는 점날개잎벌레 등등, 크기가 작은 잎벌레들은 모두 비슷하게 보여 구별하기가 쉽지 않아요. 그런데 잎벌레는 먹는 식물이 저마다 특별하기 때문에 생김새보다는 오히려 식물의 종류를 잘 알면 구별하기가 훨씬 쉽습니다. 많은 잎벌레들의 이름에는 자기가 먹는 식물의 이름을 붙인 경우가 많습니다.

잎벌레가 너무 많이 생기면 농작물에 해를 주는 경우도 있어 해충으로 여겨지기도 합니다. 돼지풀은 꽃가루 알레르기를 일으키는 북미 출신의 귀화식물인데, 어느 틈엔가 돼지풀잎벌레가 국내에 들어와 돼지풀이 있는 곳이면 어디에나 돼지풀잎벌레 역시 생기고 있습니다.

잎벌레 중에는 알을 감추기 위해 자기 똥을 발라 낳는 종류가 있어요. 또 왕벼룩잎벌레의 애벌레는 자기가 싼 똥을 뒤집어써서 천적으로부터 지저분하게 보여서 살아남는 방법을 쓰기도 합니다. 남생이잎벌레 애벌레는 자기가 벗은 허물을 꼬리 끝에 붙이고 다니며 적이 나타나면 방패처럼 휘두르기도 합니다. 많은 잎벌레들이 특이한 생태를 갖고 있지만, 아직까지 잘 알려지지 않은 부분이 많아요.

① **돼지풀잎벌레**: 돼지풀을 갉아 먹고 살아요. 갈색에 옅은 세로줄무늬가 있어요.
② **버들꼬마잎벌레**: 버드나무 잎을 갉아 먹고 살아요. 크기가 작고 청색이에요.
③ **사시나무잎벌레**: 사시나무 잎을 갉아 먹고 살아요.
④ **오리나무잎벌레**: 오리나무 잎을 갉아 먹고 살아요.

꽃등에

 곤충강〉 파리목〉 꽃등에과 | 몸길이: 15mm 내외
볼 수 있는 시기: 1년 내내 | 볼 수 있는 곳: 공원, 들판, 화단

꽃이 핀 곳에는 항상 벌과 파리가 많이 날아들어요. 그중에는 꿀을 모으는 꿀벌이 많아요. 그런데 꿀벌이 아닌 곤충이 섞여 있는 일이 많아요. 꿀벌처럼 보여서 살아남으려는 작전인데, 꽃등에는 벌을 의태한 곤충으로 유명합니다. 사실 꽃등에는 꿀벌처럼 쏠 수 있는 침 같은 무기가 없어서 사람을 쏘는 곤충이 아니에요. 꽃등에는 파리의 일종으로 무기가 없는 대신 무서운 꿀벌을 닮아서 자기 몸을 지키려는 거예요.

꽃등에는 전 세계에 6,000여 종이 알려져 있어요. 우리나라에는 170여 종이 살고 있지요. 종류에 따라서 꿀벌을 흉내 낸 것, 말벌을 흉내 낸 것, 뒤영벌을 흉내 낸 것 등 저마다 닮은 벌 종류가 있어요. 아마 벌과 함께 비슷한 곳에서 꿀을 먹다 보니, 같은 습성을 가진 비

관찰해 볼까요?

머리: 커다란 겹눈이 머리 대부분을 차지하고 있어요.

날개: 한 쌍으로 투명하지만 약간 흐린 무늬가 있어요.

가슴: 털이 북슬북슬 덮여 있어요.

다리: 길고 튼튼해요. 뒷다리가 더 튼튼해요.

배: 넓적한 원뿔형으로 검고 주황색 가로무늬가 있어요.

애벌레: 더러운 물속에 사는 종류는 긴 꼬리가 있어요.

애벌레: 잎사귀 위에서 진딧물을 잡아먹는 종류도 있어요.

숫한 종류의 벌을 닮게 된 것 같아요.

많은 사람들이 꽃등에와 꿀벌을 어떻게 구별하는지 궁금해해요. 자주 보다 보면 저절로 알게 되는데, 우선 꿀벌은 날개가 2쌍, 그러니까 4장이 있어요. 한편 꽃등에는 파리 종류에 속하기 때문에 날개가 1쌍, 그러니까 2장밖에 없어요. 그런데 멀리서 보면 2장인지, 4장인지 구별하기가 쉽지 않지요. 꿀벌도 날개가 2쌍이긴 하지만, 뒷날개가 앞날개보다 작아서 앞날개와 뒷날개를 서로 붙여서 사용하기 때문에 1장처럼 보이는 일이 많아요. 그리고 머리를 자세히 보면 꿀벌은 겹눈이 작고 더듬이가 길어서 ㄱ자 모양으로 꺾여 있어요. 그렇지만, 꽃등에는 얼굴 대부분이 눈으로 되어 있을 만큼 겹눈이 매우 크고 반대로 더듬이는 짧아서 털 하나가 삐죽 나온 것 정도로밖에 보이지 않아요.

그래도 구별하기 힘들 때는 뒷다리를 자세히 보세요. 꿀벌은 뒷다리에 꽃가루를 저장하는 부분이 있어서 한 덩어리씩 꽃가루 덩어리를 묻히고 다니거든요. 그러나 꽃등에는 꽃가루를 모으는 습성이 없어서 다리에 꽃가루 덩어리가 없어요. 날아다니는 모습도 꿀벌은 붕붕거리며 조금 무거운 듯 날지만, 꽃등에는 약간 빠르게 이리저리 날아다녀요.

꽃등에는 꽃가루를 모으지는 않지만, 꿀벌처럼 식물의 꽃가루를 옮겨 주는 역할을 하고 있어요. 또한 꽃등에 한살이는 여러 환경 속에서 이루어지는데, 호리꽃등에 같은 종류는 무당벌레나 풀잠자리처럼 애벌레가 진딧물을 잡아먹기도 해요. 진딧물이 많은 곳에 다리가 없는 구더기 모양의 애벌레가 호리꽃등에의 애벌레예요. 호리꽃등에는 진딧물이 많이 낀 식물에 알을 낳아요. 여기서 태어난 애벌레는 별다른 무기가 없어 약해 보이지만, 몸에서 끈끈한 액체를 내기 때문에 이것으로 진딧물을 덮쳐 끈끈하게 붙든 다음, 주둥이로 체액을 빨아 잡아먹어요.

또 썩은 물속에서 자라는 꽃등에도 있어요. 파리 무리의 애벌레는 모두 다리가 없는 구더기 모양을 하고 있는데, 특히 썩은 물에 사는 꽃등에 애벌레는 다리가 없는 대신 엉덩이에 아주 긴 꼬리가 있어요. 그래서 서양에서는 별명으로 쥐꼬리 벌레(rat-tailed maggot), 꼬리구더기라고 부르기도 해요. 이것으로 물 밖의 공기를 들이마실 수 있기 때문에 썩은 물에서도 자랄 수 있어요. 그 밖에 썩은 나무나 수액 속에서 자라는 꽃등에도 있어요.

 **조금만 더**

① **개미꽃등에**: 애벌레 시절에 개미집에 사는 꽃등에예요.
② **니토베대모꽃등에**: 커다란 말벌을 닮은 꽃등에예요.
③ **호리꽃등에**: 애벌레 시절에 진딧물을 잡아먹는 이로운 곤충이에요.
④ **삿포로수염치레꽃등에**: 노란 무늬가 쌍살벌을 닮았어요.

모메뚜기

 곤충강〉메뚜기목〉모메뚜기과 | 몸길이: 10mm 내외
볼 수 있는 시기: 1년 내내 | 볼 수 있는 곳: 물가, 그늘진 숲속

 이른 봄, 따스한 햇볕이 내리쬐는 물가에 가면 조그만 메뚜기들이 뛰어다닙니다. 이것은 새로 태어난 메뚜기 애벌레가 아니고 겨울을 어른벌레로 난 모메뚜기라는 곤충이에요. 위에서 보면 마름모처럼 모가 진 모습이라서 이런 이름으로 불리지요. 크기가 모두 1cm 미만이라 작은 메뚜기의 애벌레처럼 보이지만, 실은 다 큰 메뚜기가 그 정도 크기밖에 되지 않아요.

 모메뚜기는 물가 진흙땅 같은 곳에 살면서 햇빛을 받으며 자라는 미세조류를 먹고 자랍니다. 또 버섯이나 곰팡이, 낙엽을 갉아 먹기도 해요. 보통의 메뚜기들처럼 싱싱한 풀을 갉아 먹지는 않아요. 깜짝 놀란 모메뚜기들은 곧잘 물속으로 뛰어듭니다. 메뚜기가 헤엄치는 것을 본 적 있나요? 모메뚜기는 물속에서 헤엄을 아주 잘 쳐

관찰해 볼까요?

머리: 짧은 머리에 겹눈과 더듬이 한 쌍이 있어요.

가슴: 마름모 모양으로 길어 늘어나 배 위까지 덮고 있어요. 환경에 어울리는 다양한 무늬가 있어요.

날개: 앞날개는 비늘 조각처럼 작고 뒷날개는 부채처럼 접혀 있어요.

다리: 뒷다리는 특히 두껍고 굵어서 높이 뛸 수 있어요.

허물: 몸이 자라 빠져나간 겉껍질이에요.

배: 암컷의 배 끝에는 톱니가 달린 산란관이 있어요.

요. 물속 깊이 빠졌다가도 다시 떠올라 짧은 다리로 헤엄치면서 다시 물로 나옵니다. 아무리 물가 멀리 나갔더라도 반드시 물가로 다시 나오는 것을 보면 물의 깊이와 방향을 아는 능력이 있는 것 같지요.

바닥에 붙어 사는 모메뚜기는 대개 갈색빛을 띱니다. 그런데 자세히 살펴보면 저마다 다른 색깔인 것을 알 수 있어요. 같은 갈색에서도 얼룩덜룩하거나 흰무늬가 있는 것, 쌍점무늬가 있는 것, 그리고 회색, 녹색의 이끼가 낀 듯한 색깔인 것 등, 너무나 다양해서 무늬가 같은 것은 하나도 없어요. 모메뚜기의 무늬는 주변에 어울리도록 위장하는 색깔인데, 그 변이가 대단해서 마치 무당벌레와 비슷합니다. 점무늬가 여러 가지인 무당벌레처럼 모메뚜기의 갈색 무늬도 여러 가지가 있는 셈이에요.

축축한 곳에 사는 모메뚜기는 진흙 땅속에 알을 낳아요. 배를 밑으로 집어넣고 살살 움직이면서 깊이 집어넣는데, 알은 마치 길쭉하고 휘어진 바나나 모양이에요. 알 끝에는 조그만 뿔처럼 튀어나온 부분이 있는데, 이것은 숨 쉬기 위한 부분입니다. 축축한 곳에 알을 낳는 게아재비나 장구애비 알과 마찬가지로 숨을 쉬기 위해 튀어나온 부분이 있어요.

메뚜기들은 소리를 내어 짝을 유인하는 것으로 유명합니다. 그런데 모메뚜기 종류는 그동안 소리를 내지 않는 것으로 알려졌는데, 최근에는 낙엽 같은 곳에 올라타 뒷다리로 낙엽을 흔들어 신호를 보낸다는 것이 밝혀졌습니다. 물론 이 소리는 사람 귀에는 들리지 않을 정도로 약하지만, 모메뚜기들끼리는 잘 알아들을 거예요.

모메뚜기는 생태계에서 낙엽을 갉아 먹어 분해하는 중요한 역할을 합니다. 그리고 많은 곤충들의 먹이가 되기도 해요. 땅바닥을 돌아다니는 늑대거미나 깡충거미가 모메뚜기를 잘 잡아먹습니다. 그리고 모메뚜기를 전문으로 사냥하는 벌도 있어요. 비닐하우스 같은 곳 안에 모메뚜기가 알을 낳으면 일시적으로 매우 많이 보이는 경우가 있는데, 사람들은 모메뚜기가 농작물을 갉아 먹을까 봐 걱정하기도 해요. 그렇지만 사실 모메뚜기는 건강한 녹색 식물을 먹는 것이 아니라 시든 낙엽이나 곰팡이, 이끼 같은 것을 먹기 때문에 농작물에는 전혀 해를 주지 않는 곤충이에요.

 조금만 더

① **가시모메뚜기**: 앞가슴등판 양옆이 가시처럼 튀어나왔어요.
② **장삼모메뚜기**: 앞가슴등판이 뒤로 길게 나왔어요. 뒷날개가 발달하여 잘 날아다닙니다.
③ **꼬마모메뚜기**: 장삼모메뚜기와 비슷한데, 눈이 덜 튀어나오고 앞가슴이 두꺼워요.
④ **참볼록모메뚜기**: 앞가슴등판이 위로 볼록 솟았어요. 뒷날개가 퇴화하여 날지 못해요.

점박이꽃무지

 곤충강〉딱정벌레목〉꽃무지과 | 날개 편 길이: 20~25mm
볼 수 있는 시기: 여름 | 볼 수 있는 곳: 참나무 숲, 야산

　꽃이 가득 핀 꽃밭을 살펴보면 꽃무지가 자주 붙어 있어요. 꽃무지는 꽃에 묻어 있는 곤충이라는 뜻을 가진 말이에요. 꽃무지는 사실 풍뎅이의 일종이에요. 단단한 타원형의 몸매에 짧은 더듬이를 보면 풍뎅이와 가깝다는 것을 알 수 있을 거예요. 그런데 날아갈 때 앞날개를 벌리지 않고 붙인 채로 뒷날개가 옆으로 빠져나와 날아가요. 이런 특징이 풍뎅이와는 다른 점이에요. 점박이꽃무지는 날개에 흐릿한 흰색 줄무늬와 점무늬가 발달해 있어요.
　꽃무지는 뭉툭한 주둥이로 꽃가루를 잘 먹어요. 꽃가루에는 단백질과 당분이 풍부하게 들어 있어 초식성 곤충에게 먹이로 안성맞춤이에요. 더운 여름날 점박이꽃무지는 붕붕 소리를 내며 숲속을 날아가요. 참나무 수액의 냄새를 맡고 찾아가는 거예요. 술 냄새와 단

내가 섞인 나무수액은 점박이꽃무지가 매우 좋아하는 먹이이기도 해요. 곤충을 채집할 때에 흔히 인공나무수액을 나무에 발라 놓기도 하는데, 여기에는 말벌이나 사슴벌레, 그리고 꽃무지가 잘 모여요. 인공나무수액은 술 냄새가 나는 막걸리나 포도주에 흑설탕을 녹여 만들 수 있어요. 관찰하기 쉬운 나무를 정해 인공수액을 발라 놓고 얼마 동안 기다리면 냄새를 맡고 곤충들이 찾아오는 것을 볼 수 있어요. 또 요즘에는 바나나를 이용한 트랩을 쓰기도 해요. 바나나를 으깨어 나무에 발라 놓거나 양파주머니에 바나나를 잘라 담아 놓고 나무에 매달아 놓으면 다음 날 나무수액을 좋아하는 곤충들이 붙어 있는 것을 볼 수 있어요.

짝짓기를 마친 점박이꽃무지 암컷은 여기저기 날아다니며 알 낳을 곳을 찾아다녀요. 꽃무지의 애벌레는 우리가 보통 굼벵이라고 부르는 희고 통통한 벌레예요. 굼벵이가 먹고 사는 것은 썩은 식물인데, 예전에 초가집 지붕에 흔히 굼벵이가 살았어요. 꽃무지가 알을 낳고 가면 거기서 깬 애벌레 굼벵이가 초가집의 성분인 지푸라기가 썩는 것을 먹고 자라는 거예요. 또 논에 벼 짚단을 쌓아 둔 곳이나 퇴비더미, 거름 등을 뒤져 보면 굼벵이가 많이 나와요. 굼벵이는 예전부터 한약재로 쓰였는데, 잘 말려서 시장에서 팔기도 했어요.

굼벵이도 구르는 재주가 있다는 옛말이 있지요. 몸은 굵고 통통한데, 다리가 아주 짧은 굼벵이는 잘 기지 못해요. 자기 모습이 드러나면 몸을 C자 형태로 구부리고 불쌍한 척하는데, 가만히 두고 보면 잠시 후 굼벵이는 등을 밑으로 한 채 꿈틀 꿈틀거리며 기어가는 것을 볼 수 있어요. 굼벵이의 몸에는 잘 보이지 않지만 센털이 나 있어 이동할 때에는 꿈틀이 운동을 하며 털로 물체를 밀어 움직일 수 있어요.

 꽃무지가 알을 낳기 위해 사람 집에 날아 들어오면 어떤 이들은 딱 쳐서 바닥에 떨어뜨린 뒤, 목을 비틀어 뒤집어 놓아요. 그러면 꽃무지가 날아가기 위해서 날개를 펼쳐 붕붕거리며 애를 쓰는데, 그 모습을 보고 '마당 한번 잘 쓴다'고 노래를 부르기도 했고, 어느 쪽이 더 오래 빙빙 도는지 내기를 하기도 했어요. 지금 보면 좀 심한 장난 같기도 하지만, 예전에는 지금처럼 여러 가지 장난감이 많지 않아 주변에서 흔히 구할 수 있는 곤충을 잡아서 노는 일이 많았답니다.

 **조금만 더**

① **풀색꽃무지**: 초록색이 도는 작은 꽃무지예요. 애초록꽃무지라고도 불러요. 꽃 위에 흔히 앉아 꽃가루를 먹어요.
② **호랑꽃무지**: 얼핏 보면 벌처럼 생겼어요. 날아갈 때는 벌처럼 붕붕거리는 소리를 내요.
③ **검정꽃무지**: 검은 바탕에 흰 무늬가 있는 꽃무지예요. 애벌레는 썩은 나무를 먹고 자라요.

하늘소

 곤충강〉 딱정벌레목〉 하늘소과 | 몸길이: 40~60mm
볼 수 있는 시기: 봄~가을 | 볼 수 있는 곳: 참나무 숲, 야산

　하늘소는 긴 더듬이가 특징인 딱정벌레예요. 한자로 천우(天牛)라고 하고 이 말은 하늘소의 얼굴을 보면 뿔 달린 소와 비슷하다고 해서 붙은 이름이에요. 예전에는 하늘소를 '돌드레' 또는 '돌진애비'라고도 불렀어요. 이 이름은 어린이들이 하늘소 더듬이를 잡은 채 다리에 무거운 돌을 들게 하는 놀이를 한 데서 붙은 이름이에요. 하늘소는 우리나라에 300여 종이 알려져 있는데, 그중 대표적인 것이 하늘소예요. 다른 하늘소와 구별하기 위해서 별다른 무늬가 없어 매끈하다는 뜻으로 미끈이하늘소라고도 불러요.

　아마도 우리나라 사람들이 제일 잘 알고 있는 곤충을 꼽으라면 장수하늘소가 일등일 거예요. 장수하늘소는 우리나라 천연기념물 218호이기도 하고 이외수의 소설 제목으로도 잘 알려져 있어요. 장

관찰해 볼까요?

가슴: 단단한 원통형으로 주름이 잡혀 있어요.

머리: 몸길이보다 더 긴 더듬이 한 쌍이 있어요. 겹눈이 오목하게 파진 곳에 더듬이가 붙어 있어요.

딱지날개: 단단하게 배를 덮고 있어요.

다리: 길고 튼튼해요.

애벌레: 나무 속을 파먹고 살아요.

수하늘소는 우리나라 곤충 중에서 가장 크고 희귀한 곤충이라 보호받고 있는데, 해마다 많은 사람들이 장수하늘소를 보았다고 연락을 해요. 그런데 대부분은 장수하늘소가 아니고 그냥 하늘소인 경우가 많아요. 현재 장수하늘소는 경기도 광릉에서만 관찰되고 있어요. 하늘소는 다른 지역에도 흔히 나오는데, 역시 몸집이 제법 큰 데다가 더듬이가 워낙 길기 때문에 많은 사람들이 장수하늘소로 착각하는 것 같아요. 장수하늘소는 가슴에 노란색 쌍무늬가 있지만, 하늘소는 그냥 회갈색으로 칙칙해요.

참나무 숲에 수액이 흐르는 곳이면 하늘소가 살 수 있어요. 애벌레 역시 덩치가 크기 때문에 죽어 가는 큰 참나무 속을 파먹고 살아가요. 하늘소의 애벌레는 생태계에서 죽은 나무를 분해하는 역할을 하고 있어요. 여기저기 굴을 파고 갉아 먹으며 나무의 섬유질을 분해해 배설물로 만들면 영양분이 쉽게 다시 흙으로 돌아가는 것이지요. 최근에 과학자들은 이런 하늘소의 특징으로부터 목질을 분해하는 효소를 연구하고 있어요.

하늘소의 더듬이가 특별히 긴 이유는 후각과 촉각이 시각보다 발달했기 때문이에요. 낮에는 대부분 어두운 나무와 식물 틈에 붙어서 가만히 쉬고 있다가 주로 밤에 돌아다녀요. 한여름 시골의 불 켜진 전등 아래에 가면 꼭 하늘소가 날아와 앉아 있는 것을 볼 수 있답니다. 하늘소 종류마다 애벌레가 먹는 식물이 달라 암컷은 애벌레가 먹이로 할 수 있는 식물을 찾아야 한답니다. 이때에도 더듬이는 식물에서 풍기는 특별한 냄새를 맡아 종류를 구별할 수 있게 하는 역할을 해요.

하늘소 중에는 장수하늘소처럼 희귀한 종류도 있지만, 나무에 피해를 일으키는 종류도 있어요. 알락하늘소는 도시의 가로수에 잘 생기는데, 버드나무와 버즘나무 등을 갉아 먹어요. 얼마 전에는 알락하늘소가 미국으로 건너가 가로수를 해치는 일이 생겨 미국 농무성의 곤충학자가 알락하늘소의 천적을 연구하기 위해 우리나라에 온 적이 있습니다. 또한 최근에 소나무의 에이즈로 불리는 소나무재선충병이 우리나라에 퍼지고 있는데, 이것은 소나무에 기생하는 가느다란 선충이 솔수염하늘소의 몸을 타고 이 나무에서 저 나무로 옮겨 다녀 퍼지게 된 것입니다.

 **조금만 더**

① **알락하늘소**: 짙은 청색 바탕에 흰점무늬가 얼룩덜룩하게 있어요.
② **붉은산꽃하늘소**: 몸통은 붉은색이고 머리와 더듬이는 검정색이에요.
③ **청줄하늘소**: 딱지날개에 파란색 세로줄무늬 한 쌍이 있어요.
④ **털두꺼비하늘소**: 몸은 울퉁불퉁하고 딱지날개에 털 다발 한 쌍이 있어요.

참매미

곤충강〉 노린재목〉 매미과 | 날개끝까지 길이: 60mm
볼 수 있는 시기: 여름~가을 | 볼 수 있는 곳: 공원, 평지 가로수

　매미라는 이름은 '맴-맴-맴~' 운다고 해서 붙은 이름이지요. 그렇지만 매미 소리를 자세히 들어 보면 종류에 따라 모두 다르고 특이합니다. '씨이씨이씨이-', '지글지글지글-' 등등. 그중에서 참매미는 누구나 생각하는 것처럼 '맴-맴-맴~' 하고 우는 대표적인 종류이기 때문에 참매미라고 부릅니다. 우리나라에 살고 있는 매미는 모두 13종이 알려져 있는데, 울음소리가 다들 독특해서 잘 들어 보기만 해도 종류를 쉽게 구별할 수 있어요.

　여름철이면 도심에서도 매미 소리를 쉽게 들을 수 있어요. 참매미를 비롯하여 말매미, 애매미가 도시 가로수에 많습니다. 어떤 지역에서는 매미가 무리 지어 합창하는 소리가 워낙 시끄러워 소음공해를 일으키기도 합니다. '짜르르르-' 하고 매우 높고 센소리로 우

는 것은 말매미입니다. 시꺼멓고 커다란 몸에서 쏟아져 나오는 소리가 대단하지요. 반면 애매미는 '씨우-씨우-씨우-씨우츠츠르르르' 하면서 오르내림이 있는 매우 현란한 울음소리를 냅니다. 거기에 비하면 참매미의 울음소리는 매우 점잖은 편이에요.

매미 소리가 들리는 나무에 가까이 가면 매미가 붙어 있는 것을 쉽게 찾을 수 있어요. 수컷들은 대부분 나무 위에 붙어 있고 소리를 듣고 찾아온 암컷들이 아래에 붙어 있어요. 암컷 매미는 울지 않기 때문에 흔히 벙어리매미라고 부르지요. 암컷이 근처에 오면 수컷들이 살금살금 다가가 짝짓기를 합니다. 매미가 무리 지어 합창하는 이유는 멀리 떨어진 암컷들까지 유인하는 효과가 크기 때문이에요. 수컷들의 매력 넘치는 소리가 들리는 쪽으로 암컷 매미가 날아갑니다. 매미는 상당히 높은 곳까지 그리고 멀리까지 잘 날 수 있어요. 한번은 저희 집 아파트 베란다 창문에서 매미 울음소리가 들려 나가 봤더니, 19층인데 여기까지 날아온 매미가 방충망에 붙어 울고 있었어요.

매미는 흔히 땅속에서 7년을 보내고 땅 위로 나오면 고작 일주일밖에 살지 않는다는 말을 많이 합니다. 우리나라 매미의 한살이에 대해 자세히 밝혀진 바는 없지만, 매미가 일주일밖에 살지 않는다는 말은 과장된 이야기입니다. 땅속에서 몇 년씩 보내는 것은 사실이지만, 매미가 울려면 땅 위에 나와서 며칠 더 성숙해야 하고 수컷은 짝을 찾기 위해 한참을 울어야 하고 암컷이 다시 알을 낳으려면 최소한 한 달은 살 수 있다고 보는 것이 맞아요.

미국에는 땅속에서 17년이나 지내는 매미가 잘 알려져 있어요. 17년 만에 땅 위 빛을 본 매미는 어마어마한 숫자가 발생해서 도시의 장관을 이룹니다. 이렇게 오랫동안 땅속 생활을 하게 된 이유는 과거 지구의 추운 빙하기 동안 적응하였기 때문이라고 하지요.

매미 애벌레의 껍질이 많이 매달려 있는 나무를 찾아 밤에 와 보면 땅속에서 기어나온 애벌레가 껍질을 벗고 매미가 되는 장면을 직접 관찰할 수 있어요. 나무 주변의 땅속에서 좋은 날씨를 골라 기어나온 매미 애벌레는 굵은 앞다리로 나무껍질에 몸을 고정하고 서서히 새로운 몸을 꺼냅니다. 처음에는 하얗고 약해 보이지만 점점 색이 짙어지고 쭈글쭈글한 날개가 펼쳐지면 아침이 될 무렵 날아갈 수 있는 매미로 모습이 바뀌어요.

매미는 예전부터 선비의 곤충이라고 해서 정치를 하는 사람들이 매미의 성질을 닮으려고 했습니다. 익선관은 조선시대 궁궐에서 쓰던 모자 중 하나인데, 매미의 날개 모양을 본뜬 모자라고 합니다.

① **말매미**: 시커멓고 크기가 커요. 머리와 가슴이 더 넓어 보여요.
② **털매미**: 몸에 잔털이 덮여 나무껍질에 앉아 있으면 잘 보이지 않아요.
③ **애매미**: 참매미보다 작고 날씬해요.
④ **쓰름매미**: 애매미와 비슷하게 생겼는데, 울음소리는 '씨윽-씨윽-' 하고 전혀 다르게 울어요.

진딧물

 곤충강〉노린재목〉진딧물과 | 몸길이: 2~4mm
볼 수 있는 시기: 봄~가을 | 볼 수 있는 곳: 풀밭, 화단, 과실수

진딧물은 식물에 붙어 살며 즙을 빨아 먹는 곤충이에요. 진드기와 이름이 비슷하지만, 진딧물은 다리가 3쌍으로 곤충이고 진드기는 4쌍이라 곤충이 아니에요. 진딧물의 원래 이름은 '진디'였어요. 사실 진딧물은 진디가 내놓은 물이라는 뜻이 있어요. 그런데 사람들은 진디보다 진디가 내놓은 배설물에 더 흥미를 가지다 보니, 진딧물이라고 부르는 일이 더 많아 진딧물로 이름이 바뀐 것이지요.

진딧물은 식물로부터 즙을 빨아 먹고 얼마 지나지 않아 금방 배설물을 내놓아요. 액체로 먹이를 먹기 때문에 배설물도 액체인 오줌 형태예요. 이 배설물에는 달콤한 당 성분이 많아 개미들이 빨아 먹으러 모이는 일이 많은데, 대부분은 그냥 배설물로 아래로 버려져요. 그래서 진딧물이 많이 붙은 식물 주변에는 끈끈한 배설물이 잎

사귀 위에 내려앉아 끈적거려 보입니다. 여름철 산속에 있는 절이나 공원의 나무 아래에 주차를 시켜 놓고 얼마 후 와 보면 유리창이나 차 위에 끈끈한 물 자국이 잔뜩 떨어져 있는 것을 볼 수 있어요. 이런 자국은 바로 위에 있던 나무 잎사귀 아래에 진딧물이 떼 지어 붙어 있다가 아래로 배설물을 뿌린 자국이에요. 진딧물의 배설물이 식물 잎사귀에 너무 많이 묻으면 그것을 빨아 먹으려고 벌이나 개미, 나비 등이 모이는 일도 많고 나중에 곰팡이나 세균이 번식하여 식물 잎이 꺼멓게 변하는 그을음병이 생기기도 합니다.

진딧물은 번식 속도가 빠른 것으로 유명해요. 태어난 지 5일 만에 다시 후손을 낳고 한살이를 마치는 종류도 있어요. 이렇게 빨리 번식할 수 있는 이유는 진딧물이 알을 낳지 않고 애벌레를 바로 낳을 수 있는 능력이 있기 때문이에요. 대부분의 곤충은 짝짓기를 하고 시간이 지나면 알을 낳고 또 시간이 더 지나면 알에서 애벌레가 태어나 서서히 허물을 벗고 성장합니다. 그런데, 번식력이 왕성한 봄과 여름철 사이에 진딧물 암컷은 짝짓기를 하지 않아도 직접 어린 애벌레를 낳을 수 있습니다. 암컷의 엉덩이에서 아주 조그만 진딧물이 나와 바로바로 성장을 합니다. 이런 작전을 쓰기 때문에 처음에 식물에 한두 마리의 진딧물이 보이던 것이 며칠만 지나면 진딧물 떼가 잔뜩 들러붙게 되는 것입니다. 그렇다고 진딧물이 항상 이렇게 번식하지는 않아요. 가을이 되어 추워지면 진딧물은 다시 짝짓기를 하고 알을 낳아 겨울을 넘깁니다.

진딧물이 많이 생기면 식물의 새순이 곧 시들고 말아요. 영양분을 모두 빼앗기기 때문이에요. 이때쯤 되면 날개 없는 진딧물이 낳은 애벌레들이 자라면서 날개가 달린 진딧물로 변해요. 날개가 있는 것과 없는 것은 똑같은 종류지만, 먹이가 될 새로운 식물의 새순을 찾아 이동하기 위해서 진딧물이 변신한 것입니다.

　농작물을 키우거나 화초를 재배하는 사람들은 진딧물을 매우 싫어합니다. 많이 생기면 식물에 해로운 영향을 주기 때문에 진딧물을 없애려고 해요. 그런데 사실 생태계에는 진딧물을 먹고 사는 많은 천적곤충이 있습니다. 무당벌레 애벌레와 성충, 풀잠자리 애벌레, 꽃등에 애벌레, 병대벌레, 사마귀와 긴꼬리 애벌레 등등, 많은 곤충들이 진딧물을 먹고 자랍니다. 어느 날 갑자기 진딧물이 모두 사라진다면 막상 좋을 것 같지만, 생태계에 서로 먹이사슬로 연결된 많은 생명들이 모두 사라질 것은 뻔한 이치입니다.

 조금만 더

① **외줄면충**: 느티나무 잎사귀 위에 볼록한 혹을 만드는 진딧물 종류예요. 혹 안에 살면서 가루 같은 분비물을 만드는 진딧물이에요.
② **뽕나무이**: 뽕나무 뒷면에 붙어 살면서 하얀 밀랍 성분의 분비물을 길게 내놓아요.
③ **깍지벌레**: 여러 가지 모양이 있어요. 식물에 덕지덕지 붙어 살면서 곤충이 아닌 것처럼 이상한 모양으로 생겼어요.

긴꼬리

 곤충강〉 메뚜기목〉 귀뚜라미과 | 몸길이: 15~20mm
볼 수 있는 시기: 여름~가을 | 볼 수 있는 곳: 야산 풀밭

꼬리가 길다고 긴꼬리입니다. 처음 이 말을 들은 사람은 그냥 긴꼬리냐고 되물어요. 사실 긴꼬리는 우리나라에서 부르는 말이고 북한에서는 긴꼬리귀뚜라미라고 좀 더 정확히 말해요. 긴꼬리라는 말이 붙은 긴꼬리쌕쌔기도 있는데, 긴꼬리와 긴꼬리쌕쌔기는 전혀 다른 종류입니다. 꼬리는 원래 곤충한테는 없고 포유동물인 쥐나 개, 소, 말 같은 동물에게 있어요. 곤충에서는 엉덩이 쪽에서 길게 나와 있는 것을 그냥 편의상 꼬리라고 말하는 것이지요. 긴꼬리의 라틴어 학명(*longicauda*)에도 꼬리가 길다는 의미가 있습니다.

그렇다면 긴꼬리의 꼬리는 어떤 부분일까요? 긴꼬리쌕쌔기는 암컷의 산란관이 매우 길게 나와 있어서 이 말이 잘 어울립니다. 물론 긴꼬리 역시 암컷의 산란관이 길게 나와 있습니다. 여치와 귀뚜

라미 무리는 모두 암컷의 산란관이 잘 발달하여 배 끝에서 뒤로 뻐죽하게 칼이나 바늘 모양으로 튀어나와 있습니다. 처음 산란관을 본 사람들은 벌의 침처럼 쏘는 것이라고 생각할 수 있는데, 이런 산란관은 그저 알을 낳을 때 땅속을 찌르거나 식물 줄기를 찌를 수 있을 뿐입니다.

긴꼬리의 수컷 역시 앞날개 뒤로 길게 나온 부분이 있어요. 이것은 접혀 있는 뒷날개입니다. 귀뚜라미 종류는 보통 뒷날개가 앞날개보다 더 긴데, 접으면 앞날개 밑에서 뒤로 뾰족하게 튀어나오는 경우가 많습니다. 또 배 끝에는 한 쌍의 꼬리털이 있어요. 이렇게 저렇게 따지면 도대체 무엇을 보고 꼬리라고 생각한 것인가 알기 어렵습니다. 그저 뒤로 삐죽하게 튀어나온 것이 있구나 하는 정도로 생각하면 좋겠네요.

긴꼬리는 울음소리가 매우 아름다운 귀뚜라미 중 하나입니다. 여름과 가을 사이 밤중에 풀밭에서 '루-루-루-' 하고 들리는 소리가 긴꼬리 울음소리입니다. 긴꼬리는 보통 귀뚜라미와는 달리 땅바닥 대신 풀 위에 올라와 생활하고 색깔도 검은색이 아니라 밝고 투명한 흰색입니다. 서양에서는 긴꼬리를 흰 색깔 때문에 눈 귀뚜라미 (snowy cricket), 또는 나무 위에 산다고 나무 귀뚜라미(tree cricket)라고 불러요.

긴꼬리 수컷의 앞날개는 대부분 울음소리를 내는 복잡한 날개맥이 발달해 있어요. 울 때는 날개를 거의 수직으로 번쩍 쳐들고 빠르게 좌우로 비벼 소리를 냅니다. 수컷은 그저 한 자리에 숨어 우는 것이 아니라 풀줄기 위를 돌아다니거나, 좀 더 울음소리를 크게 내기 위해 나뭇잎에 구멍을 뚫고 머리를 내민 다음 거기에 방향을 맞추어 날개를 들어 움직입니다. 이런 방법을 쓰면 울음소리가 나뭇잎을 통해 더욱 증폭하여 멀리까지 크게 들리는 효과가 있습니다. 어떤 녀석은 구멍을 뚫는 대신 풀줄기가 서로 겹치는 곳에 머리를 내밀고 울기도 해요.

소리를 듣고 다가온 암컷은 수컷의 등으로 올라가 뭔가를 핥는 동작을 합니다. 사실 긴꼬리 수컷은 울음소리 이외에 비장의 유혹 기술을 갖고 있는데, 등에서 달콤한 액체를 분비하는 것입니다. 암컷이 수컷의 등에서 맛있는 선물을 핥는 동안 짝짓기는 무사히 이루어지고 암컷은 배에 작은 정자주머니를 붙이게 됩니다. 암컷은 긴 산란관을 이용하여 식물의 줄기를 뚫고 알을 하나씩 깊숙한 곳에 찔러 낳습니다. 암컷의 특별한 방법 때문에 알은 추운 겨울을 무사히 날 수 있습니다.

 **조금만 더**

① **폭날개긴꼬리**: 긴꼬리보다 날개폭이 더 넓어요. 남서부 지방 섬이나 바닷가에 살아요.
② **긴꼬리쌕쌔기**: 암컷의 산란관이 매우 길어서 긴꼬리처럼 보여요. 그렇지만 귀뚜라미 무리가 아니고 여치 무리에 속합니다.

풀잠자리

 곤충강〉풀잠자리목〉풀잠자리과 | 날개 편 길이: 40mm 내외
볼 수 있는 시기: 여름~가을 | 볼 수 있는 곳: 야산, 들판, 공원

잠자리치곤 작고 연약해 보여요. 보통 초록 빛깔의 연한 풀색을 띠기 때문에 풀잠자리라고 부릅니다. 풀잠자리 역시 날개 모양이 잠자리와 비슷할 뿐, 진짜 잠자리는 아닙니다. 풀잠자리의 애벌레는 물에 사는 잠자리 애벌레 수채와 달리 식물 잎사귀 위를 기어다니며 진딧물을 잡아먹고 살아요.

풀잠자리와 관련된 뉴스로 가장 유명한 것은 우담바라 사건입니다. 우담바라는 3,000년에 한 번 핀다는 전설의 꽃으로 불교에서 신성시하는 성물입니다. 원래 우담바라, 또는 우담화라고 부르는 꽃은 부처의 고향 인도에서 자라는 덩굴성 식물의 꽃으로 불교 경전에 그림으로 전해져 옵니다. 가는 자루에 매달린 둥근 달걀 모양의 특이한 꽃 그림을 보면 우담화의 생김새를 알 수 있는데, 뉴스에서는

관찰해 볼까요?

날개: 크고 넓적하며 투명해요. 앞뒷날개는 비슷하게 생겼어요.

가슴: 원통형으로 좁아요.

배: 긴 원통형이에요.

머리: 머리는 삼각형이고 큰 겹눈과 긴 더듬이 한 쌍이 있어요.

다리: 가늘고 약해요.

알: 하얀 알이 실 끝에 매달려 모여 있어요. 흔히 우담바라라고 불러요.

애벌레: 풀 위를 돌아다니며 진딧물 같은 작은 벌레를 잡아먹어요.

둥근 고치 속에서 번데기로 변해요.

경기도 과천 청계사에서 불상의 얼굴에 우담바라가 피었다고 나왔습니다. 곧이어 어느 경찰관은 순찰차 백미러에 우담바라가 피었다고 보도했고 자기 집에도 우담바라가 피었다는 얘기가 많이 나왔습니다.

뉴스에 나온 우담화는 사실 곤충인 풀잠자리의 알이었습니다. 암컷 풀잠자리는 주로 진딧물이 많이 낀 식물 잎사귀 뒷면이나 줄기에 가는 실에 매달린 듯한 알을 줄줄이 낳습니다. 애벌레가 육식성이기 때문에 서로 잡아먹지 말라고 끝에 따로 매달린 채 부화하는데, 때로는 식물이 아니라 여기저기에 낳아 붙이는 경우가 있어요. 풀잠자리는 밤중에 불빛에 이끌려 집 안에도 자주 들어와 형광등이나 부엌 창틀에 알을 낳는 일이 있습니다.

아파트 엘리베이터 조명에 모여 앉아 있는 경우도 있는데, 손으로 잡으면 마치 썩은 충치에서 나는 듯한 지독한 냄새를 피우기도 합니다. 몸이 약한 풀잠자리도 나름 자기 몸을 지키는 방법을 갖고 있습니다.

풀잠자리 애벌레는 진딧물을 잡아먹는 사자(aphid lion)라는 별명이 있어요. 진딧물 하면 주로 무당벌레가 잘 잡아먹는 것으로 알려져 있지만, 그에 못지않게 풀잠자리 애벌레도 많은 진딧물을 잡아먹습니다. 여기저기 부지런히 기어다니며 진딧물을 만나면 길게 나온 큰턱으로 찔러 체액을 쭉쭉 빨아 먹습니다. 어떤 풀잠자리 종류의 애벌레는 자기 모습을 감추기 위해 몸에 난 털 위에 식물 찌꺼기나 부스러기를 꽂아 붙여 전혀 다른 모습으로 위장하고 다니기도 해요.

　진짜 잠자리는 번데기 시기가 없이 물속에서 나와 바로 잠자리가 되는 불완전변태를 거치지만, 풀잠자리는 번데기 시기가 있는 완전변태를 합니다. 식물 위를 돌아다니다가 안전한 곳을 찾으면 실을 내어 둥근 고치를 만듭니다. 한참 동안 번데기로 조용히 지내다가 때가 되면 고치 뚜껑을 찢고 어른 풀잠자리가 되어 날아다니지요.

　풀잠자리의 날개는 넓적하고 투명한데, 날개맥이 잘 발달해 있어요. 마치 수놓은 것처럼 아름답게 보인다고 서양에서는 레이스 날개(lacewing)라는 별명으로 불립니다. 날개가 약해 빨리 날지는 못하지만, 천적이 다가올 경우에는 날개를 펼쳐 몸을 뒤로 뒤집어 공격을 피하는 재주가 있어요. 보통 여름철에 풀잠자리는 녹색이지만, 겨울을 나는 풀잠자리는 붉은 갈색으로 변해 눈에 잘 띄지 않도록 위장합니다.

 **조금만 더**

① **보날개풀잠자리**: 풀잠자리와 비슷한데, 갈색의 폭넓은 날개가 있어요.
② **뱀잠자리붙이**: 갈색의 소형 풀잠자리예요.
③ **사마귀붙이**: 머리와 앞다리가 있는 앞쪽은 작은 사마귀를 닮았고 날개가 달린 뒤쪽은 풀잠자리를 닮았어요.
④ **약대벌레**: 머리와 가슴이 길어요. 암컷은 배 끝에 긴 산란관이 있어요.

산맴돌이거저리

 곤충강 〉 딱정벌레목 〉 거저리과 | 몸길이: 16~20mm
볼 수 있는 시기: 여름~가을 | 볼 수 있는 곳: 야산, 습한 풀밭

    숲에 가면 죽은 나무가 쓰러져 있는 것을 볼 수 있어요. 수명이 다하거나 병들어 저절로 죽은 나무도 있지만, 사람들이 숲을 관리하기 위해 베어 낸 나무도 많아요. 사람들이 보기에 죽은 나무는 더이상 쓸모없어져 버려야 할 물체에 불과할 수 있어요. 하지만 죽은 나무 속에는 수많은 생명이 살아가고 있어요. 나무속을 먹고 사는 곤충들도 많지요. 여름철 죽은 나무가 쌓인 곳을 살펴보면 다리가 기다란 딱정벌레가 붙어 있는 경우가 있어요. 인기척을 느끼면 갑자기 놀란 듯 긴 다리로 나무 위를 맴돌며 숨을 곳을 찾아요. 산에 살면서 맴도는 거저리라는 뜻의 산맴돌이거저리예요.

    산맴돌이거저리는 거저리라고 부르는 딱정벌레의 일종인데, 거저리라는 말은 오래된 우리말이지만 정확한 뜻은 알기 힘들어요. 다

만 수시렁이와 마찬가지로 거저리도 사람들이 저장식품으로 창고에 쌓아 둔 마른 동식물질에 모이는 종류가 있는데, 그런 식품에 생기는 벌레라는 뜻일 것이라는 추측을 할 수 있어요. 식품에 생기는 파리 구더기를 고자리라고 부르는데, 고자리와 거저리가 같은 뜻을 가진 말에서 출발했을 가능성이 있습니다. 서양에서는 거저리를 어두운 곳을 돌아다니는 딱정벌레(darkling beetle)라는 별명으로 불러요.

산맴돌이거저리는 애벌레가 죽은 나무를 파먹고 자라는 대표적인 곤충입니다. 하늘소, 비단벌레, 사슴벌레와 마찬가지로 썩은 나무를 잘라 보면 흔히 거저리 애벌레가 관찰됩니다. 다른 애벌레와 달리 거저리 애벌레는 몸통이 길고 짙은 갈색이며 매우 단단하게 생겼어요. 몸에 분명한 마디가 보이고 엉덩이 쪽이 눌린 것처럼 보이는데, 서양에서는 비슷하게 생긴 방아벌레 애벌레와 함께 거저리 애벌레를 철사벌레(wireworm)라는 별명으로 불러요. 애벌레는 썩은 나무속을 파먹고 돌아다니다가 번데기 방을 만들고 산맴돌이거저리가 되어 나옵니다.

거저리 종류는 대부분 검정색이고 어두운 밤에 돌아다니는 야행성입니다. 낮에는 잘 보이지 않다가 밤에 손전등을 켜고 죽은 나무 있는 곳에 가 보면 거저리들이 많이 나와 있어요. 거저리 성충은 버섯을 먹거나 썩은 식물질을 갉아 먹습니다. 사람에게 독버섯으로 작용하는 버섯도 거저리에게는 맛있는 간식거리가 될 수 있습니다.

거저리를 손으로 잡으면 보통 퀴퀴한 냄새가 나는 것이 많아요. 몸속에 방어물질이 들어 있어 역한 냄새를 풍겨 천적으로부터 몸을 보호하려는 작전이지요.

식성이 다양한 거저리는 사람들이 창고에 보관해 둔 곡물에 꼬이기도 합니다. 곡물거저리, 쌀거저리, 거짓쌀도둑거저리 등은 이름처럼 사람들이 먹는 곡식을 좋아하는 거저리라서 해충으로 취급하기도 합니다.

한편 갈색거저리 같은 종류는 전 세계에서 사료용으로 키우기도 해요. 성충은 날지 못하는 데다가 애벌레와 함께 먹이로 밀기울을 주기만 하면 매우 쉽게 키울 수 있기 때문이지요. 우리나라 동물원을 포함하여 양서류나 파충류처럼 곤충을 먹이로 하는 동물을 키우는 곳에서는 거저리 애벌레를 먹이용으로 줍니다. 흔히 밀웜(mill worm)이라고 부르는 것이 바로 갈색거저리의 애벌레예요. 요즘에는 크기가 더 큰 슈퍼 밀웜도 인터넷 애완동물 가게 같은 곳에서 팔고 있어요. 구룡충(九龍蟲)이라고 부르는 약재 역시 구룡거저리의 애벌레인데, 건강식으로 사육하기도 합니다.

조금만 더

① **강변거저리**: 강가나 계곡 물가 땅 위나 돌 밑에 사는 거저리예요.
② **모래거저리**: 바닷가 모래밭에 사는 거저리예요.
③ **대왕거저리**: 제주도에 사는 우리나라에서 가장 큰 거저리예요.
④ **등거저리**: 짙은 흑색으로 썩은 나무의 버섯을 먹고 살아요.

왕바구미

 곤충강〉딱정벌레목〉왕바구미과 | 몸길이: 25mm 내외
볼 수 있는 시기: 1년 내내 | 볼 수 있는 곳: 야산 잡목림

바구미 중에서 가장 크기가 커서 왕바구미예요. 왕바구미는 숲이 있고 나무가 있는 곳이면 어디에서나 흔하게 발견되는 곤충입니다. 바구미는 특히 주둥이가 튀어나온 딱정벌레를 가리키는 오래된 우리말인데, 현재로서 정확한 뜻을 알기는 힘들어요. 아마도 바구미가 사람들이 먹는 쌀 같은 곡식을 갉아 먹기 때문에 바가지 안에서 많이 보였다거나, 또는 갉아 먹은 자국 등을 나타내는 말에서 온 것이 아닐까 추측할 수 있을 뿐이에요.

바구미는 우리 생활과 밀접하여 많은 사람들이 잘 알고 있어요. 그중 쌀바구미가 가장 유명합니다. 흔히 쌀벌레라고 말하는데, 여기에는 사실 두 가지 다른 종류가 포함되어 있어요. 쌀알이 실 같은 것으로 뭉쳐 있고 그 안에 하얀 애벌레가 들어 있는 경우가 있어요. 이

관찰해 볼까요?

머리: 큰 겹눈과 ㄱ자로 꺾인 더듬이, 그리고 코끼리코처럼 길게 나온 주둥이가 있어요.

날개: 배를 단단하게 덮고 있어요.

가슴: 둥글고 단단해요.

배: 끝은 좁아요.

다리: 굵고 튼튼해요. 종아리마디 끝은 날카로운 가시로 되어 있어요.

위에서 보면 나무껍질을 닮았어요.
단단한 다리의 가시로 나무껍질을 움켜잡고 있어요.

것은 쌀벌레 중에서도 곡나방이라고 부르는 나방의 애벌레예요. 쌀을 갉아 먹고 나중에 조그만 나방으로 변해 날아다니는데, 흔히 집안 창고나 벽에 자주 붙어 있어요. 곡식을 먹어서 곡나방입니다. 그리고 까만색의 쌀바구미가 있습니다. 쌀바구미는 쌀을 가루로 내어 갉아 먹고 쌀통에 무더기로 생기면 골라내기도 여간 귀찮은 게 아니에요.

쌀바구미나 왕바구미나 크기는 다르지만, 주둥이가 튀어나온 것은 똑같습니다. 서양에서는 바구미를 코주부 딱정벌레(snout beetle)라는 별명으로 부르고 북한에서는 코끼리벌레라고 부르기도 하지요. 모두 길게 나온 주둥이의 특징을 가리키는 말이에요.

바구미는 딱정벌레 중에서도 가장 종류가 많은 것으로 알려진 무리입니다. 모두 식물의 잎을 갉아 먹거나 줄기를 물어뜯거나 열매에 구멍을 파고 사는 초식성 곤충입니다. 긴 주둥이 끝에는 드릴 같은 구조의 입이 있어 질긴 식물을 갉는 데 아무런 문제가 없어요.

새똥처럼 보이는 배자바구미는 칡 줄기를 갉아 먹으며 칡에 알을 낳아 벌레혹을 만듭니다. 또 밤바구미는 덜 익은 밤에 구멍을 뚫고 알을 낳아 애벌레가 유명한 밤벌레입니다. 콩과 식물에 사는 혹바구미는 오랫동안 죽은 척하기로 유명합니다. 날지 못하는 혹바구미는 동작까지 느려 약해 보이지만 몸이 매우 단단하고 건드리면 죽은 척하면서 땅바닥으로 떨어져 버립니다. 죽은 척하는 다른 곤충들도 있지만, 보통은 금방 다시 깨어나 돌아다녀요. 그런데 혹바구미는 웬만해서는 깨지 않고 사람이 쳐다보다가 지쳐서 가 버리면 나중에 몰래 깨어나 다시 움직입니다.

왕바구미는 아마도 우리나라에서 가장 단단한 곤충 중 하나일 거예요. 워낙 껍질이 딱딱해서 웬만한 일로 상처를 입지 않는데, 왕바구미 표본을 만들기 위해 곤충 핀을 몸에 꽂을 때 그냥 손가락 힘으로는 절대 박히지 않습니다. 펜치를 써서 겨우 몸에 핀을 꽂을 수가 있어요.

왕바구미는 동작도 느려서 엉금엉금 기어가는 모습을 보면 거북이와도 비슷합니다. 사람이 붙잡으면 갑자기 놀라서 다리를 웅크리는데, 종아리마디 끝에 억센 가시가 나 있어 찔릴 수가 있어요. 원래 이 가시는 나무에 붙어 있을 때 사용하는데, 다리마다 있는 가시로 나무껍질을 붙잡고 있으면 쉽게 떼어 낼 수가 없습니다.

성충은 참나무 수액이 흐르는 곳에 모이기도 하고 불빛에 날아오는 경우도 있어요. 애벌레는 다리가 없는 하얀 굼벵이 모양이며 썩은 나무속을 파먹고 자랍니다.

 **조금만 더**

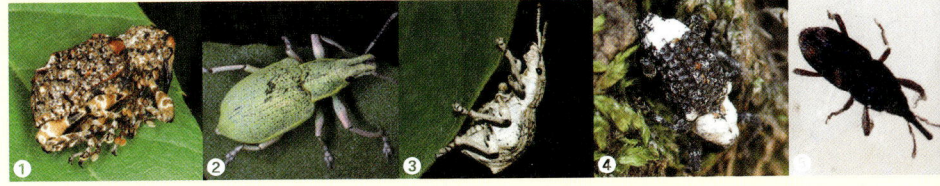

① **옻나무바구미**: 온몸은 우둘투둘하게 옻이 오른 사람 피부 같아요.
② **황초록바구미**: 초록색 가루가 덮여 있는 아름다운 바구미예요.
③ **혹바구미**: 몸은 밝은 회색이고 딱지날개 뒷부분에 한 쌍의 튀어나온 혹이 있어요.
④ **극동버들바구미**: 멀리서 보면 새똥처럼 얼룩덜룩해요.
⑤ **쌀바구미**: 크기는 작지만 왕바구미와 친척이에요.

주홍날개꽃매미

 곤충강〉 노린재목〉 꽃매미과 | 날개 편 길이: 45mm 내외
볼 수 있는 시기: 여름~가을 | 볼 수 있는 곳: 공원, 야산, 인가 주변

　언제부터인가 사람들이 중국매미라고 부르는 곤충이 뉴스에 자주 등장하고 있어요. 특히 도시 공원이나 아파트 단지 가로수에 이 매미가 잔뜩 생기는 바람에 사람들이 모두 중국매미라고 하면서 해로운 곤충이라고 무서워하고 있습니다. 이 곤충의 정식 이름은 주홍날개꽃매미입니다. 이름에 매미라는 말이 붙었지만, 매미처럼 우는 종류는 아니고 뒷날개가 주홍색으로 화려한 무늬를 가졌다는 뜻으로 아름다운 꽃을 붙여 꽃매미로 부릅니다.

　주홍날개꽃매미가 진짜 중국에서 온 것인지는 확실하지가 않아요. 중국 남부지방이 원래 사는 곳이기는 하지만, 우리나라에도 예전에 있다는 기록이 있기 때문이지요. 그런데 그동안 전혀 발견되지 않다가 최근에 갑자기 많아지는 바람에 어디선가 다른 나라로부터

들어와 퍼지게 된 것이라고 믿게 된 거예요. 주홍날개꽃매미는 나무 껍질에 알을 낳아 붙이는데, 아마도 외국으로부터 원예용 나무나 수입목재 같은 것에 알이 붙어 있다가 우연히 퍼지게 되었을 가능성이 있어요. 주로 도시에서 많이 보이기 때문에 그런 추측을 하게 된 것입니다.

주홍날개꽃매미는 원래 따뜻한 지방에 살던 곤충이라 추운 겨울이 있는 우리나라에 살기는 알맞지 않아요. 그런데 도시는 한겨울에도 온도가 많이 낮아지지 않기 때문에 살아갈 수 있는 방법을 깨우친 것 같아요. 더구나 지구온난화로 우리나라도 점점 따뜻해지고 있어 남부지방에 사는 곤충들이 점점 북쪽으로 올라오는 현상이 목격되고 있지요.

주홍날개꽃매미는 특히 가중나무에 많이 살고 있어요. 그렇지만 이외에도 단풍나무나 버드나무, 참나무와 버즘나무까지 여러 나무에서 즙을 빨아 먹고 살 수 있어요. 처음 태어난 애벌레는 까만 바탕에 흰점무늬가 있어 전혀 달라 보입니다. 그러다가 자라면서 허물을 벗고 마지막 애벌레가 되면 빨간 바탕에 흰점무늬가 생겨요. 나뭇가지에 떼 지어 매달려 있는 것을 보고 사람들이 건드리면 여기저기로 일시에 뛰어 달아나기 때문에 사람들이 깜짝 놀라요. 펄쩍거리면서 뛰는 모습은 흡사 메뚜기와 비슷해요. 그러다가 어른 꽃매미가 되면 날개가 생겨 뛰면서 동시에 날아갈 수 있습니다.

주홍날개꽃매미가 나무껍질에 가만히 앉아 있으면 잘 보이지 않지만, 여러 마리가 한곳에 무리 지어 앉아 나무즙을 빨아 먹고 물로 된 액체 배설물을 나무 아래로 찍찍 쌉니다. 이 배설물은 진딧물의 감로(甘露)와 마찬가지로 끈끈한 당분이 섞여 있어 벌이나 개미가 단물을 핥아 먹으러 꽃매미가 많이 붙어 있는 나무에 찾아오기도 합니다.

그런데 배설물이 아래로 많이 쌓이면 배설물을 맞은 아래의 식물 잎사귀 위에 곰팡이 같은 시커먼 자국이 생기면서 그을음병이 생기는 수가 있어요. 주홍날개꽃매미는 식물의 즙만 빨아 먹기 때문에 사람을 물거나 하지는 않습니다. 펄쩍 뛰어 달아나기 때문에 사람들이 지레 겁을 먹고 놀라는 것 같아요.

가을이 되어 추워지면서 주홍날개꽃매미는 짝짓기를 마치고 나무껍질에 알을 낳아 붙입니다. 암컷은 배에서 거품을 내어 정성껏 알을 덮어 두는데, 너무 많아진 주홍날개꽃매미를 없애기 위해서는 겨울철에 이런 알집을 발견하여 미리 없애는 것이 가장 좋은 방법이에요.

 조금만 더

① **선녀벌레**: 몸은 연한 초록색이에요.
② **미국선녀벌레**: 회색빛으로 가루가 덮여 있어요. 최근 미국에서 들어온 외래종이에요.
③ **희조꽃매미**: 원래부터 우리나라에 살던 작은 꽃매미로 나무껍질과 어울려 잘 보이지 않아요.

흰개미

 곤충강〉 바퀴목〉 흰개미과 | 몸길이: 5mm 내외
볼 수 있는 시기: 1년 내내 | 볼 수 있는 곳: 야산, 그늘진 숲속

    숲에서 죽은 나무를 찾아 갈라 보면 흰개미가 많이 나와요. 몸이 하얀 개미라서 흰개미예요. 그렇지만 진짜 개미와는 많이 달라요. 진짜 개미는 벌 무리에 속하지만, 흰개미는 바퀴 무리에 속해요. 날개 달린 개미가 나타났을 때 자세히 살펴보면 잘록한 허리와 꺾어진 더듬이가 있어 개미와 벌은 분명 가까운 사이라고 할 수 있어요.
    그렇지만 흰개미는 허리가 잘록하지도 않고 더듬이가 꺾어져 있지도 않아요. 더구나 개미는 번데기 단계를 거치는 완전변태 곤충이지만, 흰개미는 번데기 시절이 없이 애벌레에서 어른벌레가 되는 불완전변태 곤충이에요. 식성도 달라 개미는 여러 가지를 다 먹는 잡식성이지만, 흰개미는 썩은 나무속만 파먹고 살아요. 흰개미는 개미처럼 무리 지어 사회생활을 하고 계급이 나누어져 있다는 점이 개

관찰해 볼까요?

머리: 일개미 머리는 작고 둥글어요. 계급에 따라 머리 모양이 좀 달라요.

배: 길쭉한 원통형이에요. 여왕개미의 배는 매우 크고 뱃속에 알이 가득 들어 있어요.

다리: 짧고 가늘어요.

날개: 생식개미에게만 있어요. 나중에 떨어져 나가요.

가슴: 오목하고 잘록해요. 여왕개미는 가슴에 날개가 잘린 흔적이 남아 있어요.

미와 비슷할 뿐이에요.

매년 4~5월이면 흰개미들의 번식기가 시작돼요. 썩은 나무속에는 날개 달린 생식개미가 날아갈 준비를 하고 있어요. 생식개미는 번식철에만 나타나는데, 보통 일개미와 달리 검은색 몸에 회색빛 날개를 달고 있어요. 맑은 날 오전, 생식개미들은 나무속에서 날아올라 역시 다른 집에서 날아오른 생식개미들과 짝을 지어요. 짝을 이룬 흰개미는 곧 여왕과 왕으로서 역할을 하며 자기 집을 마련하여 새로운 집단을 시작해요. 하나의 흰개미 집단에는 보통 1~2만 마리의 대식구가 함께 살아가요.

흰개미 사회에는 일개미가 90%로 가장 높은 비율을 차지해요. 집을 짓고 먹이를 나르고 애벌레를 돌보는 온갖 궂은일을 일개미가 도맡아 하지요. 그리고 적이 침입했을 때에는 병정개미가 나서요. 병정개미는 머리에서 큰턱이 강하게 발달하여 깨물고 싸울 수가 있어요. 열대지방의 흰개미 중에는 병정개미가 끈끈한 물질을 머리에서 내쏘며 싸우는 종류도 있어요. 불완전변태를 하는 흰개미는 작은 애벌레 시절부터 일개미 역할을 해요. 허물을 벗으며 자라는데, 만약 집에 병정개미 수가 부족하면 크면서 일개미에서 병정개미로 변할 수가 있어요. 한 무리의 집 안에는 여왕과 왕이 함께 지내면서 끊임없이 알을 낳아요. 여왕개미는 알을 낳는 일에만 전념하며 혼자서 움직이기 힘들 정도도 배가 커다랗게 발달했어요.

흰개미는 숲에서 죽은 나무를 분해하는 중요한 역할을 해요. 여기저기 굴을 파내고 목질을 먹어서 썩은 나무가 빨리 흙으로 돌아갈 수 있도록 도와주지요. 그런데 나무로 된 집이나 문화재를 먹는 일도 있어 더러 흰개미가 해충으로 취급돼요. 흰개미가 생기면 나무로 된 건축물은 서서히 구멍이 뚫려 무너지고 말아요.

나무의 목질은 질긴 섬유질이어서 소화하기도 어렵고 영양분도 많지 않아요. 그런데 흰개미의 장속에는 이것을 분해하여 영양분으로 바꾸어 주는 원생동물이 살고 있어요. 원생동물 덕분에 흰개미는 단단한 나무를 먹고 소화시킬 수가 있는 것이지요.

썩은 나무속에 사는 원시적인 갑옷바퀴 같은 종류도 흰개미와 마찬가지로 원생동물이 장속에 공생하고 있어요. 생긴 모습은 많이 다르지만, 이런 생태적인 습성이 비슷하기 때문에 흰개미는 결국 바퀴 무리에 속하는 것으로 밝혀졌답니다.

 **조금만 더**

일개미 사회에는 여러 가지 계급이 있어요.
① **일개미**: 가장 수가 많아요. 먹이를 나르고 집을 짓고 가장 바빠요.
② **병정개미**: 머리가 노랗고 큰턱이 뾰족하게 발달했어요. 적이 침입할 때 싸우는 일을 해요.
③ **생식개미**: 번식기에 나타나요. 회색빛 날개가 있어서 날아다닐 수 있어요.
④ **알과 애벌레**: 알은 무더기로 모여 있어요. 애벌레는 크기가 작아요.

남방차주머니나방

 곤충강〉나비목〉주머니나방과 | 날개 편 길이: 23~25mm 내외
볼 수 있는 시기: 애벌레 1년 내내, 성충 여름 | 볼 수 있는 곳: 들판, 공원, 야산

　겨울을 지나는 사이 담벼락이나 나뭇가지에 작은 나뭇가지를 엮어 만든 물체가 매달려 있는 것을 쉽게 볼 수 있어요. 마치 물속에 사는 날도래 애벌레의 집과 비슷하게 생겼어요. 이것은 주머니나방의 애벌레가 만든 집으로 주머니나방 애벌레를 흔히 도롱이벌레라고 불러요. 도롱이는 예전에 비 올 때 입던 우비 같은 것인데, 짚을 엮어서 만들었고 비 오는 날 농사일을 볼 때 입었어요. 남방차주머니나방은 도롱이벌레 중에서 가장 큰 편에 속해요.

　도롱이벌레 집은 낙엽이 다 떨어진 후 마른 나뭇가지에 흔히 매달려 있어요. 그 속에 애벌레가 들어 있어 애벌레 상태로 겨울을 납니다. 겨울 동안에는 돌아다니지 않기 때문에 실을 내어 단단히 붙어 있습니다. 도롱이 안은 매끄럽고 따뜻한 실크로 잘 짜여 있어 애

벌레가 겨울을 날 수 있도록 도와줍니다.

그렇지만 도롱이벌레 집은 워낙 눈에 잘 띄어 겨울을 나는 새들의 표적이 되기 쉬워요. 박새 같은 텃새는 겨울 동안 먹을 곤충으로 도롱이벌레를 사냥하지요. 도롱이를 발견하면 부리로 꾹꾹 눌러 집에서 빠져나오게 한 다음 날름 삼켜 버려요. 또 겨울을 이기지 못하고 죽는 경우도 많아요. 원래 도롱이벌레는 따뜻한 지방에 사는 나방이라 중부지방에서 겨울 추위가 오랫동안 계속되면 도롱이 안에서 그대로 얼어 죽기도 합니다.

적극적인 나방 애벌레들은 보통 몸에 털이나 가시가 나 있거나 화려한 색깔로 적을 겁주기도 합니다. 반대로 소극적인 나방 애벌레들은 자기 몸을 숨기는 방법을 개발했는데, 입에서 실을 내어 식물을 붙여 집을 만든 다음 그 속에 숨어 있습니다. 주머니나방 애벌레 역시 몸이 매끈하고 특별히 방어할 수단이 없기 때문에 도롱이 집을 만들어 그 속에 몸을 숨기는 방법을 선택했습니다. 도롱이벌레를 자기 집에서 꺼내어 대신 종이나 털실을 잘라서 주면 곧바로 다시 이어 붙여 그 속에 숨는 것을 볼 수 있습니다.

겨울을 난 도롱이벌레는 여기저기 기어다니며 식물 잎을 갉아 먹으며 성장합니다. 걸어 다니기 귀찮을 때는 몸에서 실을 내어 낙하산 타듯 다른 곳으로 옮겨 가기도 해요. 여름이 올 무렵 도롱이 속에서 애벌레는 번데기로 변합니다. 그런데 주머니나방은 암컷과 수컷의 삶이 매우 다릅니다. 수컷은 번데기에서 칙칙한 색깔의 평범한 나방이 되어 도롱이 집을 탈출하는 데 비해 암컷은 번데기에서 나방이 되면 날개도 없고 다리도 없는 애벌레 모습에서 크게 달라진 것이 없는 어른벌레가 됩니다. 그리고 도롱이 집을 떠나지 못하고 그대로 안에 머물러 있어요.

더듬이가 잘 발달한 수컷은 도롱이에서 빠져나온 다음 암컷의 냄새를 찾아 이곳저곳 돌아다닙니다. 그리고 암컷이 들어 있는 도롱이를 찾으면 배 끝을 길게 늘여 도롱이 집에 집어넣고 암컷과 짝짓기를 합니다. 암컷은 번데기 껍질 속에 그대로 머물며 엄청나게 많은 알을 낳은 다음 도롱이 속에서 그대로 죽습니다.

그 후 여름에 태어난 어린 주머니나방 애벌레는 어미의 집을 탈출하면서 곧바로 자기 도롱이를 만들기 시작해요. 어떤 종류는 어미의 집을 갉아서 자기 집으로 만들기도 합니다. 그리고 실을 내어 바람을 타고 더 멀리 여기저기로 퍼집니다. 이것이 끈질기게 살아가는 주머니나방의 특별한 생존 방법입니다.

조금만 더

①②③ **도롱이벌레**: 애벌레는 나뭇가지로 만든 다양한 형태의 집 속에 몸을 숨기고 있어요.

④ **잎말이나방 애벌레**: 돌돌 말린 나뭇잎 속에 애벌레가 숨어 있어요.

일본왕개미

 곤충강 〉 벌목 〉 개미과 | 몸길이: 7~17mm
볼 수 있는 시기: 1년 내내 | 볼 수 있는 곳: 공원, 야산

일본왕개미는 개미 중에서 가장 큰 편에 속하기 때문에 '왕'개미이고, 학명에 일본을 뜻하는 라틴어(*japonicus*)가 붙어서 일본왕개미라고 불러요. 물론 일본에만 사는 것이 아니라 우리나라에도 전국 어디에나 흔하게 살고 있어요. 그래서 굳이 일본왕개미라고 부르지 말고 그냥 왕개미라고 부르자는 이야기도 있어요.

일본왕개미는 야산이나 도시 공원처럼 사람과 가까운 곳에 살고 있어요. 예전에 저희 집 앞마당에 큰 단풍나무 한 그루가 있었는데, 나무 아래에 일본왕개미 집 굴이 있어서 틈날 때마다 개미를 들여다보던 기억이 있습니다. 파리채로 파리를 잡아 개미에게 먹이로 주거나 또 가끔은 개미 더듬이를 떼어 자기 굴을 제대로 찾아가는지 실험하기도 했어요.

관찰해 볼까요?

날개: 번식기에만 나타났다가 스스로 떼어 버려요.

머리: ㄱ자로 꺾인 더듬이 한 쌍이 있어요.

가슴: 여왕개미는 가슴 위에 날개가 잘린 자국이 있어요.

배: 마디마다 잔털이 나 있어요.

다리: 크고 가늘어요.

비행 준비: 봄에 날개 달린 공주개미(여왕개미가 되기 전의 개미)들이 비행 준비를 해요.

사람에 비해 개미는 매우 작은 곤충이고 사람이 심한 장난을 쳐도 당하기만 하는, 어쩌면 힘없는 벌레에 불과해요. 그렇지만 생태계에서 개미가 하는 일은 어마어마합니다. 땅을 파고 굴을 뚫어 땅속으로 공기가 드나들게 해 주어 나무뿌리가 숨 쉬게 해 주고 식물 열매를 멀리 퍼지게 도와주지요. 또 꽃가루를 옮기거나 진딧물, 깍지벌레, 나비 애벌레 같은 여러 가지 곤충을 돌보며 살아가게 도움을 줍니다.

한자로 개미를 '의(蟻)'라고 쓰는데, 의로운 곤충이란 뜻을 갖고 있어요. 이솝 우화 〈개미와 비둘기〉에서 개미는 물에 빠진 자신을 구해 준 비둘기가 총에 맞기 전에 사냥꾼의 발을 물어 도와주지요. 또 〈개미와 베짱이〉 이야기에서도 알 수 있듯이 사람들은 예전부터 개미를 부지런하고 열심히 일하는 곤충으로 의롭다고 생각했던 것 같습니다. 개미를 보면 괜히 발로 밟거나 괴롭히는 어린이들이 있는데, 이제부터라도 개미를 우리와 함께 사는 가까운 곤충 친구로 생각해 주었으면 좋겠어요.

개미는 원래 벌과 같은 무리에 속해요. 얼핏 생각하면 그런 생각이 들지 않겠지만, 유난히 잘록한 개미허리와 날개 달린 개미를 보게 될 때 벌과 얼마나 비슷한지 떠올려 보면 벌과 개미가 가깝다는 것을 알 수 있을 거예요. 꿀벌의 사회와 마찬가지로 보통 한 무리의 개미집에는 여왕개미를 중심으로 수많은 일개미들이 함께 모여 사는데, 이들은 모두 암컷입니다. 수컷 개미는 번식기에만 잠깐 나타날 뿐 평소에는 보기 힘들어요.

예전 어린이들은 왕개미를 잡아 똥구멍을 빨아 먹기도 했는데, 시큼한 식초 맛이 났어요. 이것은 개미 엉덩이에서 나오는 개미산이라는 물질로 적과 싸울 때 무기로 쓰여요. 아마 개미에게 물려 본 친구들도 있을 거예요. 그럴 때 개미는 큰턱으로 깨물고 물린 자리에 개미산을 쏘아요. 그러면 상처가 매우 쓰라리게 됩니다.

가끔 산길을 지나다 보면 일본왕개미가 전쟁을 벌이는 장면을 만나게 됩니다. 물고 뜯고 싸우는데, 여러 마리가 한 마리를 에워싸 다리마다 붙들고 늘어져 공격하기도 합니다. 이런 전쟁은 가까운 지역에 서로 다른 여왕개미가 자리를 잡았을 때 먹이가 부족해지기 때문에 일어나요. 이런 싸움은 어느 한쪽이 패배해 완전히 물러날 때까지 끝나지 않는데, 이런 지독한 습성이 사람과 닮은 것 같기도 하지요.

 **조금만 더**

① **가시개미**: 가슴이 붉은색이고 위를 향해 솟은 가시가 특징이에요.
② **네눈개미**: 배마디에 4개의 황색 점무늬가 있어요.
③ **곰개미**: 왕개미보다 작고 날씬해요.
④ **갈색발왕개미**: 왕개미만큼 크면서 다리 색깔이 밝은 갈색이에요.

길앞잡이 | 가장 빠른 육상 곤충
넉점박이송장벌레 | 육식성 청소부 곤충
물방개 | 수영을 잘하는 육식성 곤충
소금쟁이 | 물 위를 걷는 곤충
거품벌레 | 높이 뛰기 선수 곤충
폭탄먼지벌레 | 천적에게 열 폭탄을 쏘는 곤충
도토리거위벌레 | 산란을 위해 톱질하는 곤충
애기뿔소똥구리 | 똥 경단을 빚는 곤충
명주잠자리 | 함정을 파서 개미를 사냥하는 애벌레
나나니 | 자벌레를 사냥하는 벌
방울벌레 | 울음소리가 아름다운 야행성 귀뚜라미
땅강아지 | 땅 파기 선수 곤충
장수말벌 | 종이집을 짓는 힘센 야생 말벌
늦반딧불이 | 신비로운 빛을 내는 곤충
우묵날도래 | 물속에서 집을 짓는 애벌레
수시렁이 | 갉아 먹기가 특기인 곤충

3

놀라운
재주가 있는
곤충

길앞잡이

 곤충강 〉 딱정벌레목 〉 딱정벌레과 | 몸길이: 20mm 내외
볼 수 있는 시기: 1년 내내 | 볼 수 있는 곳: 산지, 등산로

나를 따라와! 마치 길 안내하듯 앞장서는 곤충이라서 길앞잡이라고 불러요. 북한에서는 '길당나귀'라고 부른대요. 역시 길을 인도하는 곤충이라는 뜻이에요. 길앞잡이는 봄이 오는 따뜻한 산길에 가장 먼저 등장하는 곤충 중 하나예요. 땅굴에서 겨울잠 자던 길앞잡이는 봄 햇살을 느끼고 밖으로 나와 먹이사냥에 나섭니다. 울긋불긋 빨갛고 파란 무늬의 길앞잡이는 화려한 색깔 때문에 비단길앞잡이라고도 불러요.

길앞잡이는 생김새와 달리 성질이 사나운 육식성 곤충이라 길 위에 돌아다니는 작은 곤충은 모두 길앞잡이의 먹이가 될 수 있습니다. 작은 애벌레, 무당벌레, 잎벌레, 거미, 그리고 개미까지 길앞잡이의 메뉴판에 오릅니다. 삼각형으로 생긴 길앞잡이 머리에는 시력

이 좋은 겹눈과 큰턱이 있어요. 큰턱은 억센 갈고리 모양으로 생겨서 먹이를 물면 짓이겨 씹을 수 있습니다. 서양에서는 길앞잡이의 사나운 성질 때문에 호랑이딱정벌레(tiger beetle)라는 별명으로 불러요.

길앞잡이는 햇빛이 따가운 메마른 땅에 잘 나타나요. 더운 것을 좋아하기 때문이에요. 그렇지만 온도가 너무 올라가면 일사병에 걸릴 수 있으니 그늘로 숨기도 해요. 길앞잡이의 자세를 보면 얼마나 더운지 알 수 있어요. 길앞잡이가 몸을 바닥에 착 붙이고 있으면 추운 날씨예요. 땅바닥으로부터 태양 복사열을 더 받으려는 자세입니다. 반대로 다리를 곧추세우고 바닥으로부터 몸을 띄우고 있으면 매우 덥다는 것이지요. 지면의 열을 피하기 위해서요.

길앞잡이는 동작이 매우 재빠른데, 지구상에서 가장 빠른 육상곤충으로 기네스북에 올라 있어요. 달아나는 길앞잡이를 보면 빠르게 도망가다가 한 번씩 멈춰 서서 다시 주위를 살펴보는 것을 알 수 있습니다. 이런 습성은 순간적으로 길앞잡이가 장님 상태가 되기 때문이랍니다. 보는 것보다 달리는 속도가 더 빨라 이것을 서로 맞추기 위해서 멈추는 것입니다.

수컷은 암컷을 발견하면 쫓아가서 등에 올라타고 큰턱으로 암컷의 등을 물어서 붙잡습니다. 턱이 워낙 커서 손처럼 붙잡는 역할을 하지요. 짝짓기를 마친 암컷은 땅에 알을 하나씩 낳아요.

땅에서 부화한 길앞잡이 애벌레는 땅굴을 파고 밑으로 숨습니다. 생김새는 어른벌레와 완전히 달라 얼굴은 납작하고 몸은 흰색인데, 등에는 갈고리 같은 것이 있어요. 애벌레는 어른벌레와 마찬가지로 다른 곤충을 잡아먹고 살고 땅굴 속에서 조용히 머리만 내밀고 있다가 지나가는 곤충이 있으면 갑자기 튀어 나가 먹이를 물고 굴속으로 끌고 들어갑니다. 마치 스프링 인형이 상자 속에서 튀어나오는 것처럼 깜짝 놀랄 만한 속도로 먹이를 덮쳐요.

애벌레의 굴은 길앞잡이가 많이 다니는 길가나 볕이 잘 드는 무덤가 같은 곳에 뚫려 있어요. 사람이 없을 때는 머리를 살짝 내밀고 밖을 쳐다보지만, 인기척을 느끼면 굴 밑으로 재빨리 내려가 버려요. 애벌레를 보고 싶다면 가는 풀줄기를 꺾어 굴속에 집어넣고 잠시 기다리면 돼요. 풀이 위로 다시 올라올 때 재빨리 풀줄기를 잡아당기면 길앞잡이 애벌레가 끝을 물고 있다가 끌려 나옵니다. 평소에 길잎잡이 애벌레는 등에 갈고리가 있어서 굴 위로 끌려 나오지 않는데, 이런 낚시 방법을 사용하면 굴을 망가뜨리지 않고 애벌레를 잡을 수 있습니다.

 **조금만 더**

① **참길앞잡이**: 바닷가나 물가 모래밭 등에 흔히 살아요. 흰색 줄무늬는 굵은 편이에요.
② **꼬마길앞잡이**: 크기가 작고 복잡한 흰색 줄무늬가 있어요.
③ **산길앞잡이**: 주로 높은 산에 살아요. 갈색, 청색 등 색깔이 다양해요.
④ **쇠길앞잡이**: 몸은 조금 작아요. 갯벌이나 계곡 같은 물가에 나타나요.

넉점박이송장벌레

 곤충강〉 딱정벌레목〉 송장벌레과 | 몸길이: 20~25mm
볼 수 있는 시기: 봄~가을 | 볼 수 있는 곳: 그늘진 숲속

 딱지날개에 4개의 점무늬가 있어서 넉점박이송장벌레라고 불러요. 네눈박이송장벌레와 비슷한 이름이라서 가끔 헷갈려요. 네눈박이송장벌레는 밝은 갈색으로 몸이 납작하고 편평하지만, 넉점박이송장벌레는 어두운 검정 바탕에 빨간 무늬가 어울린 두꺼운 원통형 몸매를 갖고 있어요.

 넉점박이송장벌레는 송장벌레과에 속하는 한 종류예요. 송장벌레는 전 세계에 200여 종 정도가 알려져 있으며 우리나라에는 27종의 송장벌레가 있어요. 송장은 죽은 사람의 몸을 가리키는 말이지요. 따라서 송장벌레라는 우리말 이름은 죽은 동물이나 시체에 모이는 벌레라는 뜻이 있고 서양에서도 시체를 묻는 딱정벌레(burying beetle)라는 별명으로 불러요. 넉점박이송장벌레 같은 종류는 특히

사체를 발견하면 먼저 땅 밑으로 파묻는 습성이 있어요. 죽은 동물을 먹고 사는 다른 곤충, 특히 구더기를 낳는 파리를 피하기 위해서예요. 죽은 동물을 묻는 특별한 습성 때문에 중국에서는 송장벌레를 매장충(埋葬蟲)이라고 불러요.

송장벌레의 더듬이는 냄새를 잘 맡을 수 있어요. 특히 사체에서 풍기는 악취를 잘 구별합니다. 이런 냄새는 사람들이 가장 싫어하는 냄새지만, 송장벌레에게는 먹을 것이 있다는 신호가 됩니다. 숲에서 동물이 죽고 사체가 생기면 누가 묻어 주지 않는 이상, 천천히 썩어서 자연으로 돌아갑니다. 이때 송장벌레가 모이면 사체를 분해하여 더욱 빨리 자연으로 돌아가게 도와줍니다. 사체가 여기저기 널려 있다면 숲에 가는 것이 무서울지도 몰라요.

넉점박이송장벌레는 사체를 땅에 묻은 뒤에 알을 낳습니다. 송장벌레는 애벌레 역시 사체를 먹고 사는데, 암컷은 애벌레가 잘 자라도록 사체를 지키며 먹이를 토해 먹여 주는 습성이 있어요. 시체를 먹는다고 기분 나쁜 곤충이라 생각하기 쉽지만, 애벌레를 돌보는 모성애는 다른 곤충에게서 쉽게 찾을 수 없는 습성입니다. 프랑스의 곤충학자이자 자연 시인인 파브르는 송장벌레를 이용하여 많은 실험을 해서 흥미로운 관찰 기록을 남겼습니다. 쥐의 사체를 공중에 매달아 두면 끈을 끊어서 땅에 묻는 지능까지 있다고 알려져 있어요.

사체를 발견하면 보통 대부분의 사람들은 인상을 찌푸리고 멀리 피해서 달아나지만, 곤충을 연구하는 사람들은 사체 곁에도 가까이 가는 일이 많습니다. 사체에는 송장벌레를 비롯하여 반날개, 풍뎅이 붙이, 수시렁이, 소똥풍뎅이 같은 딱정벌레 종류와 파리 종류가 많습니다. 사체가 죽은 시간을 기준으로 모이는 곤충이 다르기 때문에 이것을 연구하여 살인사건의 증거를 밝히는 학문으로 법곤충학이 있습니다. TV에서 미국의 과학수사대 드라마를 본 사람도 있을 텐데, 많은 살인사건에서 곤충이 중요한 증거로 등장해요.

밤중에 숲을 돌아다니다 보면 손전등 불빛에 돌아다니는 송장벌레가 보이는 일이 있어요. 송장벌레를 맨손으로 잡으면 별로 좋지 않은데, 만약 그러면 송장벌레가 입에서 지독한 냄새가 나는 시커먼 액체를 토하기 때문이에요. 천적에게 불쾌감을 일으켜 자신을 방어하는 방법입니다.

또 송장벌레의 몸에는 작은 진드기가 붙어 있는 일이 많아요. 송장벌레의 몸을 이동수단으로 이용하는 무임승차 진드기들이랍니다. 지저분한 곳을 돌아다니는 송장벌레의 습성에 맞추어 진드기도 여기저기 이동을 합니다.

조금만 더

① **검정송장벌레**: 송장벌레 중에서 가장 크고 새까만 색깔이에요.
② **네눈박이송장벌레**: 몸은 납작하고 갈색인데, 4개의 까만 점무늬가 있어요.
③ **큰넓적송장벌레**: 몸은 납작하고 넓적한데 온통 까만 색깔이에요. 어디에나 흔해요.
④ **대모송장벌레**: 납작한 몸에 앞가슴등판은 붉은 색깔을 띠어요.

물방개

 곤충강 > 딱정벌레목 > 물방개과 | 몸길이: 35~40mm
볼 수 있는 시기: 1년 내내 | 볼 수 있는 곳: 논, 연못, 습지

물방개는 물에서 헤엄치는 대표적인 딱정벌레입니다. 서양에서도 물에 뛰어드는 딱정벌레(diving beetle)라는 별명으로 불러요. 아마도 수영 부문에서 가장 빠른 곤충을 꼽으라면 물방개가 당첨이 될 거예요.

물방개의 몸은 헤엄치기에 아주 알맞은 조건을 갖추고 있어요. 둥근 유선형 몸매는 물속에서 헤엄칠 때 물의 저항을 줄여 주어 물살을 헤치고 나가기 알맞아요. 물에 사는 많은 물고기와 돌고래, 그리고 사람이 만든 배도 물살을 가르기 알맞은 유선형을 하고 있지요. 또 물방개의 뒷다리는 크고 튼튼한 데다가 안쪽 가장자리를 따라 빽빽한 털이 나 있어요. 이 털은 물에 젖었을 때 함께 움직이며 넓은 면적을 휘저을 수 있도록 배의 노와 같은 역할을 해 주어요. 마

치 우리가 오리발을 신는 것과 마찬가지예요.

　귀여운 모습과 달리 물방개는 사나운 육식성 곤충이에요. 물방개를 잘못 잡으면 입으로 깨무는 수가 있는데, 큰턱이 아주 날카로워 매우 아픕니다. 물방개는 빠르게 헤엄치면서 물속에서 죽어 가는 물고기나 개구리 등을 덮쳐 살점을 잘라 먹습니다. 또 잠자리 애벌레나 다른 수서곤충을 잡아먹어요. 물방개와 비슷한 물땡땡이는 초식성인 데 비해 물방개 종류는 모두 육식을 하고 살아요. 물방개는 몸이 매끄럽기 때문에 맨손으로 잡기가 어려워요. 만약 잡았을 때는 물방개 가슴에서 고약한 냄새가 나는 흰색 기름이 나옵니다. 자기 몸을 지키기 위한 방법인데, 생선 썩는 것 같은 냄새는 아주 불쾌한 느낌이 들게 하지요. 이런 특징 때문에 어떤 곳에서는 물방개를 '기름도치'라고도 불러요.

　물방개의 암수는 앞다리 모양으로 쉽게 구별할 수 있어요. 그냥 보면 거의 비슷해 보이지만, 수컷의 앞다리는 둥근 빨판 모양으로 넓적하게 생겼어요. 이것은 짝짓기를 할 때 매끄러운 암컷의 몸통을 붙잡기 위해 생긴 구조입니다. 짝짓기를 마친 암컷은 물풀 줄기 같은 부분을 물어뜯은 다음, 그 속에 알을 낳아요.

　완전변태를 하는 물방개는 애벌레 모습이 어른벌레와 전혀 달라요. 새우처럼 길쭉한 몸매에 커다란 턱이 바늘처럼 나 있어요. 이것으로 다른 올챙이나 작은 물고기를 찔러 잡은 다음, 소화액을 내어 즙을 녹여 먹습니다. 애벌레는 다 자라면 물 밖으로 기어나오는데, 축축한 진흙 땅속에 들어가서 번데기 방을 만듭니다. 그 속에서 약

2주간 번데기 상태로 지낸 다음 어른 물방개가 되면 다시 물로 돌아갑니다.

예전에 논에서 많이 보이던 물방개는 족대로 건져 구워 먹기도 했어요. 흔히 물방개는 먹을 만하다고 해서 '쌀방개'라고 불렀고, 비슷한 다른 종류인 물땡땡이는 맛이 없어서 '똥방개'라고 불렀답니다. 또 어떤 장사꾼들은 물방개를 가지고 내기를 거는 자판을 벌이기도 했어요. 둥근 원통형 물통 가장자리에 번호를 붙이고 가운데에 물방개를 떨어뜨리면 물방개가 헤엄쳐 가장자리로 가는데, 이때 미리 번호를 골라 물방개가 가는 곳으로 당첨이 되면 상품을 주는 게임이었어요.

그런데 요즘은 물방개 보기가 쉽지 않아요. 물이 마르거나 나빠지면 물방개는 다른 곳으로 날아가 이동하는데, 예전에는 흔히 논에서 볼 수 있었지만, 지금은 어쩌다가 보이는 정도로 희귀해져 멸종위기 곤충으로 지정되었어요.

 **조금만 더**

① **꼬마줄물방개**: 물방개보다 크기가 작고 밝은색이에요. 딱지날개에 세로줄무늬가 나 있어요.
② **물땡땡이**: 물방개처럼 크고 검은색이에요.
③ **물맴이**: 작고 납작해요. 물 위에서 맴을 돌아요.
④ **아담스물방개**: 몸은 작고 잿빛으로 섬세한 땡땡이무늬가 있어요.

소금쟁이

 곤충강〉노린재목〉소금쟁이과 | 몸길이: 12~15mm
볼 수 있는 시기: 1년 내내 | 볼 수 있는 곳: 하천, 저수지

물 위를 걷는 곤충 하면 소금쟁이가 떠올라요. 사람이 물 위를 걷는 것은 성경 속의 예수님 말고 불가능한 일이지만, 소금쟁이에게는 그리 어려운 일이 아니에요. 서양에서는 소금쟁이를 물 위에서 스케이트 타는 벌레(water skater)라는 별명으로 불러요. 그런데 우리말 소금쟁이에는 무슨 뜻이 있을까요?

소금쟁이는 옛날에 집집마다 소금 팔러 다니던 소금장사를 말합니다. 소금장사는 소금이 희귀하던 시절, 소금 가마니를 지게에 짊어지고 이 집 저 집 돌아다니며 소금을 팔았어요. 소금을 지게에 싣는 모습을 보면 무거운 물건을 들기 위해 다리를 벌리고 힘을 쓰는 자세를 한다는 것을 알 수 있어요. 마치 역도선수들이 무거운 바벨을 들어 올릴 때와 마찬가지지요. 아마도 소금쟁이가 물에 빠지지

관찰해 볼까요?

다리: 앞다리는 매우 짧지만, 가운뎃다리와 뒷다리가 길어서 물 위에서 X자 모양으로 크게 벌리고 있어요.

날개: 배 위를 덮고 있는데, 날개가 짧은 것과 긴 것 두 가지 형이 있어요.

머리: 삼각형으로 뾰족하고 길어요. 긴 더듬이 한 쌍이 있어요.

배: 길쭉한 원뿔형이에요.

가슴: 단단한 삼각형 모양이에요.

애벌레: 크기는 작지만 어른벌레와 거의 비슷해요.

않으려고 다리를 크게 벌리고 있는 모습을 보고 소금장수를 생각했던 것 같아요. 다른 별명으로 똥방지라는 말도 있어요. 지금처럼 수세식 화장실이 아닌 옛날에는 집집마다 똥바가지를 들고 똥을 퍼나가 밭으로 날랐어요. 어깨에 긴 막대기를 달고 양쪽에 똥바가지가 매달려 있었지요. 그 모습도 소금쟁이와 비슷해요.

사실 소금쟁이가 물에 뜨는 것은 작은 곤충이기 때문에 우선 몸무게가 가볍고 물의 표면장력을 잘 이용하기 때문이에요. 표면장력은 물이 표면에서 서로 떨어지지 않고 붙들고 있는 성질을 말해요. 유리 시험관에 물을 부으면 유리벽 가장자리에 물이 살짝 타고 올라가 있는 모습을 보면 이해할 수 있어요. 더욱이 소금쟁이 발바닥에는 잔털이 많이 나 있는데, 잔털 사이에 공기층이 들어가 있어 뜰 수 있게 도와줘요. 또 발바닥에 기름샘이 있어 기름이 나오면 물과 기름이 섞이지 않고 물 위에 기름이 뜨듯이 소금쟁이는 물 위에 뜨게 됩니다. 그리고 체중이 분산되도록 다리를 X자로 크게 벌리고 있지요. 이런 모든 조건들이 소금쟁이가 물 위에서 생활하는 데 큰 도움을 줘요.

소금쟁이는 거의 모든 한살이를 물 위에서 보내요. 물결 따라 둥둥 떠다니며 짝도 찾고 먹이도 찾아요. 예민한 발끝으로 물의 진동을 느껴 상황을 파악하지요. 물에 빠져 버둥거리는 곤충이 있으면 금방 소금쟁이가 몰려들어요. 바늘처럼 뾰족한 빨대 입을 가진 소금쟁이는 주둥이로 물에 빠진 작은 벌레를 습격해 잡아먹어요. 같은 종류가 만나면 수컷이 재빨리 암컷 등에 올라타고 짝짓기를 해요.

낚싯대에 줄을 매달고 끝에 나뭇가지나 작은 물체를 매달고 소금쟁이가 있는 곳에 살짝 담가 보세요. 물결이 전해지도록 조금씩 움직여 보면 금방 소금쟁이가 몰려드는 것을 볼 수 있어요. 호기심 많은 소금쟁이는 물의 움직임에 가장 민감한 반응을 보여요.

가끔 소금쟁이가 옥상에서 발견되는 일이 있어요. 어떻게 여기까지 왔을까 하는 생각이 드는데, 사는 곳의 물이 말라 버리거나 새로운 살 곳을 찾아갈 때 소금쟁이는 날개를 펴고 높은 곳까지 날아갈 수 있어요. 또 겨울을 나기 위해 소금쟁이는 물 밖으로 나와 양지바른 곳 낙엽을 찾아가 숨어요. 땅 위를 걷는 소금쟁이는 참 어색해 보여요. 긴 다리가 걷기에는 그다지 편리하지 않거든요. 소금쟁이를 잡으면 코로 냄새를 한번 맡아 보세요. 소금쟁이 몸에서 달콤한 냄새가 풍기기도 하는데, 이 때문에 소금쟁이를 엿장사라고 부르는 곳도 있어요.

조금만 더

① **등빨간소금쟁이**: 산속 계곡물에 많이 살아요. 등 부분은 붉은 적갈색이에요.
② **광대소금쟁이**: 몸통이 짧고 동그래요. 날개가 전혀 없어요.
③ **바다소금쟁이**: 바다 위 쓰레기 더미 주변을 헤엄치며 작은 벌레를 잡아먹어요.
④ **송장헤엄치게**: 소금쟁이와 반대로 물 표면에 거꾸로 뒤집어져 헤엄을 쳐요.

거품벌레

곤충강〉노린재목〉거품벌레과 | 몸길이: 10mm 내외
볼 수 있는 시기: 봄~가을 | 볼 수 있는 곳: 논밭 주변, 물가, 계곡

어린이들은 비눗방울 놀이를 참 좋아해요. 동그란 막대 끝에 비눗물을 묻히고 입으로 불면 금세 거품이 만들어져 하늘로 날아가지요. 거품은 액체로 된 물질에 공기방울이 들어 있는 것인데, 거품을 잘 만드는 곤충이 거품벌레예요. 거품벌레의 거품은 주로 식물줄기에 붙어 있어요. 뽀글뽀글 거품덩어리가 뭉쳐 있는데, 얼핏 보면 누가 침을 뱉어 놓아 더러운 것처럼 보여요. 서양에서는 이것을 뻐꾸기의 침(cuckoo spittle)이라고 믿었어요.

거품벌레가 만드는 거품은 사실 자신의 배설물로 이루어져 있습니다. 거품벌레는 식물에 붙어 즙을 빨고 물로 된 오줌을 싸는데, 이때 공기를 집어넣어 거품이 만들어지도록 하는 거예요. 마치 오줌을 싸면서 동시에 방귀를 뀌는 것과 비슷하다고 할까요? 처음 본 사

람들은 설마 거품 속에 곤충이 들어 있을 거라고는 생각하기가 쉽지 않아요. 그렇지만 거품을 살살 걷어 보면 날개가 없는 작은 거품벌레가 나옵니다. 거품은 거품벌레의 집이자 몸을 지키는 수단이에요. 거품 속에 숨어 있으면 곤충의 몸에 알을 낳으러 다니는 기생벌이나 기생파리의 공격을 쉽게 피할 수 있어요.

거품벌레가 사는 식물은 종류에 따라 버드나무나 소나무, 그리고 참나무나 고사리에 이르기까지 다양해요. 버드나무에 사는 거품벌레는 나무수액을 빨아 먹고 거품덩어리를 계속 새로 만들기 때문에 봄철 물오른 버드나무에서는 비눗물처럼 거품이 뚝뚝 떨어집니다. 이때 버들잎 뒷면을 살펴보면 거품벌레가 거품에서 나와 날개돋이하는 것을 관찰할 수 있어요. 사실 거품 속에 들어 있는 것은 거품벌레의 애벌레입니다. 날개를 단 어른벌레가 되면 더이상 거품을 만들지 않아요. 어른 거품벌레는 날 수도 있고 또 멀리 뛸 수도 있어 더이상 거품 속에 숨어 있을 필요가 없지요.

얼마 전 거품벌레는 세계에서 가장 높이 뛰는 곤충으로 신기록을 세웠습니다. 그전까지 높이뛰기 챔피언은 벼룩으로 30cm까지 뛰었는데, 거품벌레는 뒷다리의 탄력이 매우 뛰어나 70cm까지 뛰어올라 새로운 기록을 세우게 된 것이에요. 이런 특징으로 서양에서는 어른 거품벌레를 개구리처럼 뛰는 벌레(frog hopper)라는 별명으로 불러요.

거품벌레 성충의 생김새는 작은 매미와 비슷해요. 위에서 볼 때 날개 모양과 아래에서 볼 때 빨대 모양의 주둥이가 있는 것이 매미와 닮았지요.

　거품벌레가 많이 생기면 식물의 영양분을 뺏어 가기 때문에 해충으로 여기기도 해요. 거품벌레와 가장 가까운 곤충이 매미충과 멸구입니다. 이들은 서로 특징이 비슷하여 모두 식물로부터 즙을 빨아 먹고 액체로 된 끈끈한 배설물을 떨어뜨립니다. 그렇지만 거품을 만드는 것은 거품벌레만의 특징이라고 할 수 있어요. 거품벌레의 거품은 침 같아서 더러워 보일 수 있지만, 만져 보면 오히려 매끄러운 비눗물과 비슷한 느낌이에요. 어쩌면 화장품으로 개발할 수 있을 것 같은 생각도 들어요.

조금만 더

① **참나무가시거품벌레**: 참나무 잎사귀 뒷면에 붙어 살고 석회질 성분의 거품을 만들어요.
② **광대거품벌레**: 짧고 통통한 거품벌레예요.
③ **쥐머리거품벌레**: 몸통 전체가 붉은색이고 머리가 작은 거품벌레예요.

폭탄먼지벌레

곤충강〉딱정벌레목〉딱정벌레과 ㅣ 몸길이: 15mm 내외
볼 수 있는 시기: 1년 내내 ㅣ 볼 수 있는 곳: 산지, 들판, 논밭 주변

    폭탄먼지벌레의 옛날 이름은 '방구벌레'였어요. 건드리면 펑 하고 방귀를 뀌는 벌레인데, 특징을 잘 나타내는 좋은 이름임에도 폭탄먼지벌레로 바뀐 것은 비슷한 특징을 가진 다른 곤충 '노린재' 때문이에요. 지역에 따라서 지독한 냄새를 피우는 노린재를 방구벌레라고 부르는 곳도 있어서 혼란을 일으켜 더 좋은 이름 폭탄먼지벌레로 바꾼 것이지요. 폭탄먼지벌레를 서양에서는 폭격수 딱정벌레(bombardier beetle)라는 별명으로 불러요. 방귀를 그냥 내뿜는 것이 아니라 정확히 조준하여 원하는 곳에 쏠 수 있기 때문이지요.

    여름철 곤충이 많은 계절, 한밤중에 땅바닥을 돌아다니는 폭탄먼지벌레가 많아요. 까만색 바탕에 노란 무늬가 있기 때문에 눈에 확 띄어요. 별것 아닌 것처럼 보이는 폭탄먼지벌레는 뱃속에 폭

탄 제조기를 갖고 있어요. 멋모르던 두꺼비나 개구리가 폭탄먼지벌레를 잡아먹으려고 덥석 입으로 삼키는 순간 방귀가 펑 하고 터집니다. 이 방귀 폭탄은 아주 독한 맛이 날 뿐만 아니라, 순간적으로 100℃에 이르는 뜨거운 열까지 나기 때문에 두꺼비는 입안을 데고 말지요. 이렇게 한번 혼이 난 두꺼비는 다시는 폭탄먼지벌레를 공격하려고 하지 않아요. 사람이 폭탄먼지벌레를 건드릴 때도 조심해야 해요. 폭탄 공격을 받으면 뜨거울 뿐만 아니라 그 자리가 갈색으로 시커멓게 오랫동안 물들고 말아요.

이런 지독한 무기를 갖고 있는 덕분에 폭탄먼지벌레는 별다른 걱정 없이 숲속을 돌아다닙니다. 여러 가지 죽은 곤충이나 지렁이 등을 잡아먹고 사는데, 딱정벌레를 잡는 함정에 자주 걸리곤 합니다. 곤충 채집 방법 중 하나로 땅에 구멍을 파고 컵을 묻은 뒤, 미끼를 넣어 두었다가 다음 날 아침에 수거하는 것을 '함정채집법'이라고 해요. 이 방법을 쓰면 밤중에 바닥을 돌아다니는 딱정벌레 무리의 곤충을 쉽게 채집할 수가 있어요. 폭탄먼지벌레가 많은 곳에서 함정채집을 하면 온통 폭탄먼지벌레만 빠져 있는 것을 볼 수 있어요. 잘못 건드리면 펑펑 여기저기서 폭탄을 터뜨리기 때문에 고약한 냄새가 빠지질 않습니다. 그러는 통에 서로의 폭탄 공격으로 이미 죽은 녀석도 있는데, 죽은 줄 알고 잘못 만지면 역시 배에서 펑 하고 폭탄이 터져 깜짝 놀라기도 하지요.

폭탄먼지벌레의 방귀는 워낙 위력이 강하지만, 만드는 데 시간과 에너지가 많이 들기 때문에 계속 연달아서 여러 방 쏠 수는 없어요. 보통 3~4번 방귀를 뀌고 나면 건드려도 더이상 내뿜을 수가 없답니다. 그래서 폭탄먼지벌레를 잡아먹는 쥐와 같은 영리한 천적은 폭탄먼지벌레를 계속 살짝살짝 건드려 방귀를 다 쏘도록 만든 다음 천천히 잡아먹는답니다.

폭탄먼지벌레는 앞날개가 약간 짧아서 배 끝이 밖으로 약간 길게 빠져 나와 있으며 자유롭게 구부릴 수 있기 때문에 적의 공격이 있는 방향으로 폭탄을 쏠 수 있어요. 폭탄의 성분은 벤조퀴논이라 부르는 산성 물질로 붉은 리트머스 시험지를 파랗게 물들일 수 있어요. 초고속 카메라로 폭탄먼지벌레의 폭탄 발사를 촬영한 결과, 폭탄은 한 번 터지는 것이 아니라 매우 빠르게 진동을 일으키며 속사포처럼 연속으로 발사된다는 것이 밝혀졌어요. 가히 곤충계의 스컹크라고 부를 만하지요.

 **조금만 더**

① **줄먼지벌레**: 가슴은 보라색이고 딱지날개는 풀색인데, 뚜렷한 세로줄무늬가 발달했어요.
② **풀색먼지벌레**: 딱지날개는 뿌옇게 보이는 풀색이에요. 건드리면 역시 고약한 냄새를 풍겨요.
③ **목가는먼지벌레**: 머리와 가슴은 붉은색이고 딱지날개는 청색이에요.
④ **남방폭탄먼지벌레**: 폭탄먼지벌레와 매우 닮았는데, 검은 무늬가 더 짙어요.

도토리거위벌레

 곤충강 〉 딱정벌레목 〉 거위벌레과 | 몸길이: 10mm 내외
볼 수 있는 시기: 봄~가을 | 볼 수 있는 곳: 참나무 숲, 야산

여름에 참나무 숲에 가면 도토리가 붙은 나뭇가지가 땅바닥에 뚝 떨어져 있는 것을 자주 볼 수 있어요. 이것은 도토리거위벌레가 한 짓이에요. 도토리 열매에 구멍을 잘 뚫기 때문에 '도토리', 주둥이가 길게 나온 모습이 거위처럼 보여서 '거위벌레'예요. 거위벌레는 크기가 조그만 딱정벌레의 일종인데, 다른 부분에 비해 목이 길거나 주둥이가 길어서 별난 모습을 하고 있어요. 거위벌레는 여러 가지 식물의 잎을 말거나 열매에 구멍을 뚫고 알을 낳는 것으로 유명하지요. 바구미와 가장 가까워 서양에서는 잎을 마는 바구미(leaf-rolling weevil)라는 별명으로 불러요.

도토리는 참나무의 열매로 뚜껑을 쓰고 있는 모습이 무척 예쁩니다. 상수리라고도 부르는데, 숲에 사는 많은 동물들이 도토리를

관찰해 볼까요?

머리: 몸길이만큼이나 기다란 주둥이가 있어요.

가슴: 둥글고 앞쪽으로 튀어나온 가시 한 쌍이 있어요.

딱지날개: 회색빛의 털이 덮여 있어요.

다리: 두껍고 튼튼해요.

산란: 도토리거위벌레가 알을 낳고 떨어뜨린 도토리에는 구멍이 나 있어요.

먹고 살아요. 다람쥐와 청설모, 어치 같은 새들도 도토리를 먹을 뿐만 아니라 겨울을 나기 위해 곰이 먹는 것도 도토리이고 사람들도 도토리를 주워 도토리묵을 만들어 먹습니다. 도토리바구미 역시 도토리를 떠나서 살 수 없는 곤충이에요. 도토리 열매에 알을 낳으면 애벌레가 먹고 살기 때문이에요.

참나무를 돌아다니다 짝짓기를 마친 암컷 도토리거위벌레는 기다란 주둥이로 알맞은 도토리를 골라 슬슬 구멍을 뚫고 들어갑니다. 주둥이 끝에 날카로운 이가 있는데, 천천히 갉지만 드릴 같아서 구멍을 내는 데 아무런 문제가 없어요. 그리고 엉덩이를 내밀어 구멍 속에 알을 하나씩 낳아요. 도토리는 약간 덜 익은 것이 좋아요. 도토리를 탐내는 다른 동물들의 시선을 피할 수 있으니까요. 알을 다 낳은 암컷은 아래로 이동하여 다시 줄기를 싹둑 자릅니다. 그러면 툭 하고 도토리 달린 참나무 가지가 땅바닥에 떨어지게 됩니다. 그래서 도토리거위벌레가 많은 숲에는 참나무 밑에 도토리 달린 나뭇가지가 잔뜩 떨어져 있는 것을 볼 수 있어요. 잘못해서 거위벌레 자신도 함께 땅에 떨어질 수가 있지만 걱정할 필요는 없어요. 도토리거위벌레는 잘 날아다닐 수 있으니까요.

도토리거위벌레의 애벌레는 도토리 열매 속에서 안전하게 속을 파먹고 자랍니다. 여름과 가을 사이에 무럭무럭 자란 다음, 도토리를 뚫고 나와 땅속으로 들어가는데, 다 자란 애벌레 상태로 내년 봄까지 가만히 지냅니다. 그리고 번데기가 되었다가 다시 어른 거위벌레가 되어 참나무 숲을 돌아다니게 되지요.

도토리거위벌레는 도토리만 먹지만, 어리복숭아거위벌레는 복숭아 열매를 좋아합니다. 또 왕거위벌레는 밤나무 잎을, 알락거위벌레는 팽나무 잎을 좋아합니다. 이처럼 거위벌레는 종류마다 좋아하는 식물과 부위가 달라요. 잎을 마는 종류 역시 잎을 정성껏 잘라 돌돌 감은 뒤, 그 안에 작은 알을 낳아 둡니다. 이것을 애벌레를 키우는 요람이라고 말하기도 해요.

도토리가 열리는 계절이면 많은 사람들이 숲에서 떨어진 도토리를 주워 모읍니다. 그런데 사실은 벌레 먹은 도토리가 땅에 떨어져 있는 경우가 더 많지요. 그 안에는 도토리거위벌레를 비롯한 다른 곤충들이 이미 알을 낳았을 가능성이 높아요. 그렇다면 벌레가 구멍을 뚫은 자국이 있는지 먼저 살펴보고 자국이 있다면 그냥 제자리에 놓아 두는 것이 좋겠지요.

 **조금만 더**

① **북방거위벌레**: 짙은 흑청색으로 장미과 식물의 잎을 말아요.
② **뿔거위벌레**: 아름다운 광택이 나는 거위벌레로 단풍나무과의 잎을 말아요.
③ **왕거위벌레**: 거위벌레 중에서 덩치가 가장 크고 참나무, 밤나무의 잎을 말아요.
④ **알락거위벌레**: 갈색 바탕에 검은 점무늬가 있어요. 팽나무 잎을 말아요.

애기뿔소똥구리

 곤충강〉딱정벌레목〉소똥구리과 | 몸길이: 15mm 내외
볼 수 있는 시기: 봄~가을 | 볼 수 있는 곳: 평지, 야산 풀밭

　소똥구리는 소의 똥을 동그랗게 굴려 간다는 뜻으로 붙은 이름이에요. 지방에 따라서는 말똥구리라고 하는 곳도 있지만, 말의 똥을 굴리는 것과 소의 똥을 굴리는 종류가 다른 것은 아니고 사투리일 뿐이에요. 현재 표준어는 소똥구리(쇠똥구리)라고 해요. 신사임당의 초충도 중에는 맨드라미와 함께 똥을 굴리는 소똥구리 그림이 등장합니다. 마당 한켠에서 그림을 그렸을 신사임당의 모습을 떠올려 보면 소똥구리는 그 당시 집 주변에서 흔히 볼 수 있었던 곤충 중 하나였습니다. 그런데, 지금은 소똥구리 보기가 쉽지 않아요. 애기뿔소똥구리 역시 현재 멸종위기종 2급으로 지정되어 보호받고 있는 소똥구리입니다.
　소똥구리가 줄어든 이유 중 가장 큰 것은 소를 키우는 방법이 바

관찰해 볼까요?

딱지날개: 주름진 세로줄무늬가 있어요.

가슴: 가운데와 양쪽 가장자리가 볼록하게 튀어나왔어요.

머리: 앞부분은 넓적하고 수컷은 머리 가운데에 긴 뿔이 나 있어요.

다리: 짧고 튼튼해요. 특히 앞다리에는 4개의 돌기가 나 있고 넓적해서 똥을 빚기 알맞아요.

똥 경단은 소똥구리와 애벌레의 먹이예요.

뀌었기 때문이에요. 예전에는 소를 자유롭게 놓아 길렀고 소는 여기저기 풀밭을 돌아다니며 싱싱한 풀을 뜯어 먹고 자랐어요. 그런데 소를 대규모로 기르기 시작하면서 좁은 우리에 소를 가둬 놓고 사료를 먹이기 시작했습니다. 사료를 먹은 소가 싼 똥은 섬유질이 부족하여 소똥구리가 먹기에 알맞지 않습니다. 또 사료에는 소의 병을 막기 위해 보통 항생제 성분이 들어가 있는데, 이것이 소똥구리 애벌레를 자라지 못하게 했어요. 이런 이유 때문에 소똥구리는 점점 우리 곁에서 멀어지게 되었고 결국 똥을 굴리는 소똥구리의 모습은 이제 그림으로밖에 볼 수 없게 되었습니다.

다행히 애기뿔소똥구리는 외딴 섬이나 소를 자유롭게 방목하는 목장 지대에서 아직까지 관찰되고 있습니다. 애기뿔소똥구리는 똥을 굴려 가는 대신 똥이 떨어진 곳 아래에 땅굴을 파고 똥을 운반하여 애벌레를 키웁니다. 소똥구리의 앞다리는 짧고 넓적하지만, 똥을 빚기에는 알맞아요. 시멘트나 흙을 벽에 바를 때 미장이들이 쓰는 흙손처럼 앞다리를 이용하여 똥을 자르고 문질러 둥글게 다듬지요. 그리고 한곳에 알을 낳아 애벌레가 자라는 동안 편안하게 먹을 수 있도록 똥구슬 경단을 땅속에 숨겨 둡니다.

애기뿔소똥구리를 만나기 위해서는 일부러 소를 키우는 곳을 찾아가야 해요. 여기저기 소똥을 뒤져 봅니다. 남들이 보면 냄새나는 소똥에 뭐가 있어서 저러나 싶지만, 소똥구리를 찾는 일은 결코 쉽지 않아요. 다행히 소똥구리와 소똥구리가 만든 똥구슬을 찾으면 안도의 숨을 내쉬게 됩니다. 아직까지 여기는 괜찮구나, 그렇지만 소똥구리는 없고 질퍽한 소똥에 파리 구더기만 들끓을 때는 아쉬운 한숨을 내쉬게 됩니다.

축사를 둘러보기도 합니다. 그런데 축사 안에는 소의 피를 빨아먹는 소등에나 다른 해충을 잡기 위해 트랩이 설치되어 있습니다. 잘못 날아 들어가면 으깨어지는 곤충 트랩입니다. 안타깝게도 이 축사 안 트랩에서 애기뿔소똥구리의 사체가 발견되기도 합니다. 소똥 냄새를 맡고 날아다니다가 우연히 트랩에 걸려든 것이지요. 이런 사소한 장치에도 소똥구리를 보호할 수 있는 방법이 있었으면 좋겠다는 생각이 듭니다.

오스트레일리아처럼 목축을 많이 하는 나라에서는 가축의 배설물을 청결하게 처리하기 위해 소똥구리를 연구하여 적극적으로 활용하고 있습니다. 우리나라에서도 소똥구리를 잘 보호하여 똥을 굴리는 모습을 다시 볼 수 있었으면 하는 바람입니다.

조금만 더

① **뿔소똥구리**: 애기뿔소똥구리보다 크고 뿔도 길어요.
② **긴다리소똥구리**: 크기는 작지만 똥을 굴려요. 특히 뒷다리가 길어요.
③ **보라금풍뎅이**: 보라색으로 반짝이는 아름다운 풍뎅이 종류입니다.
④ **큰점박이똥풍뎅이**: 딱지날개는 황색이고 큰 쌍점무늬가 있어요.

명주잠자리

 곤충강〉풀잠자리목〉명주잠자리과 | 날개 편 길이: 80~95mm
볼 수 있는 시기: 여름 | 볼 수 있는 곳: 그늘진 숲속

명주는 예전에 쓰던 고운 옷감의 종류예요. 누에로부터 뽑은 실이 명주실이고 이것으로 짠 무늬 없는 옷감이 명주예요. 명주잠자리는 날개가 투명하고 시맥이 뚜렷한데, 날개의 질감이 명주와 비슷하다는 뜻의 이름을 얻게 되었어요. 잠자리라는 이름이 붙었지만, 진짜 잠자리는 아니에요. 진짜 잠자리는 애벌레 시절에 물에 살다가 어른이 되면 물 밖으로 나와 날아다니는 우리가 잘 아는 잠자리입니다. 명주잠자리는 애벌레 시절에 물에 살지 않아요. 명주잠자리의 애벌레는 명주잠자리보다 사람들이 더 잘 알고 있는 개미귀신이에요.

개미귀신은 흙이 젖지 않은 마른 땅에 구덩이를 파고 숨어 있는 명주잠자리 애벌레입니다. 이 구덩이를 개미지옥이라고 하는데, 개미가 한번 빠지면 다시 헤쳐 나올 수 없는 죽음으로 가는 지옥이라

는 뜻을 갖고 있어요. 마른 흙은 건드리면 무너지기가 쉬운데, 지나가던 개미가 발을 헛디뎌 구덩이로 빠지면 밑에서 기다리던 개미귀신이 큰턱을 벌려 개미를 덥석 물고 끌고 들어갑니다. 흙을 덮어쓰고 있는 개미귀신의 모습은 잘 보이지 않아요. 핀셋이나 나뭇가지로 흙을 살살 헤치고 개미귀신을 찾아보면 생긴 모습이 매우 특이합니다. 180도로 크게 벌어지는 집게 같은 큰턱이 있고 허리는 가늘지만 배는 방추형으로 볼록합니다. 온몸에는 잔털이 나 있어 흙을 묻히기 알맞습니다. 밖으로 나온 개미귀신은 잠시 후 다시 흙으로 몸을 가리는데, 슬슬 뒷걸음질을 치며 흙을 몸 위로 뿌려 아래로 숨습니다. 빙글빙글 소용돌이치듯 원을 그리며 중심에 다다르면 동그란 모양의 함정 개미지옥이 완성됩니다.

사실 개미귀신은 개미보다 몸이 부드러운 애벌레 같은 종류를 더 좋아해요. 함정에 빠진 곤충은 크기가 적당하면 다 잡아먹을 수 있는데, 이런 환경에 주로 개미가 많기 때문에 개미를 잡아먹고 사는 것이지요. 작은 거미나 잎벌레, 공벌레, 그리고 노린재까지 모두 개미귀신의 식단에 오를 수 있습니다. 가끔 길을 잃은 개미귀신이 잘못 돌아다니다가 다른 함정에 빠지게 되면 서로 잡아먹는 일도 있어요.

봄과 여름 사이 먹이를 잔뜩 잡아먹은 개미귀신은 흙 속에서 번데기로 변합니다. 우선 동그란 경단 모양의 고치를 만들고 그 안에서 허물을 벗어 번데기가 됩니다. 약 보름 후 어두운 밤을 틈타 경단을 뚫고 잠자리로 변한 개미귀신, 이제는 명주잠자리라고 불러야 하는 곤충이 기어나옵니다. 제일 먼저 높은 가지로 올라가 날개를 펼칩니다. 좁은 껍질 속에서 움츠려 있던 날개는 서서히 길어지고 제 모습을 갖춥니다. 그리고 서서히 몸을 말리면서 그동안 몸속에 있던 진한 배설물을 내놓습니다. 마침내 날 수 있게 된 명주잠자리는 가지에 몸을 붙이고 쉽니다.

명주잠자리는 주로 여름철에 어두운 숲속이나 밤에 그늘진 곳을 너울너울 날아다닙니다. 풀줄기에 날개를 접고 앉아 있으면 잘 보이지 않아요. 애벌레 시절에 왕성한 사냥을 하던 모습과는 대조적으로 어른벌레인 명주잠자리는 그다지 활동적이지는 않습니다. 그저 짝을 찾아다니다가 짝짓기를 하면 암컷은 다시 흙에다 알을 낳고 얼마 살지 못하고 죽습니다.

 조금만 더

① **얼룩뱀잠자리**: 머리와 가슴이 크고 넓적해요. 애벌레는 물속에서 살아요.
② **뿔잠자리**: 머리에 길고 끝이 볼록한 한 쌍의 더듬이가 있어요.
③ **좀뱀잠자리**: 몸이 짧고 굵으며 까만 색깔이에요.

나나니

 곤충강〉벌목〉구멍벌과 | 몸길이: 20~25mm
볼 수 있는 시기: 봄~가을 | 볼 수 있는 곳: 야산 풀밭

나나니는 자벌레를 사냥해 굴을 파고 묻은 다음 자기 알을 낳아 키우는 사냥벌의 한 종류입니다. 나나니라는 말은 오래된 우리말이지만, 정확한 뜻을 알기는 어려워요. 다만 추측해 보면 날아서 오락가락하는 벌의 움직임을 딴 '나날다'에서 온 말인 듯해요. 나나니는 허리가 매우 가늘고 여기저기 날았다가 앉았다가 하는데, 실제 그 동작을 관찰해 보면 금방 이해할 수 있습니다.

나나니는 높은 시청률을 기록했던 TV 드라마 〈대장금〉 주제가에 등장하여 많은 사람들이 알고 있는 것 같습니다. 주제곡 '오나라'의 가사와 뜻풀이를 보면,

오나라 오나라 아주 오나 (오라고 오라고 한들 오더냐)

관찰해 볼까요?

날개: 평소에는 날개를 접고 앉아 있지만, 잘 날 수 있어요.

배: 특히 가슴과 붙은 부분은 매우 가늘고 길며 붉은 무늬가 있어요.

가슴: 볼록하고 잔털이 덮여 있어요.

머리: 큰 겹눈과 더듬이 한 쌍이 있어요.

다리: 가늘고 길어요.

사냥: 자벌레를 마취시켜 끌고 가 땅에 구멍을 파고 묻어요.

가나라 가나라 아주 가나 (가라고 가라고 한들 가더냐)
나나니 나려도 못 노나니 (나나니 벌처럼 하염없이 기다려도 님과 어울리지 못하니)

여기서 나나니는 궁궐에서 꼼짝 못 하고 생활하는 수랏간 여인의 삶을 비유하고 있습니다. 항간에는 나나니를 날지 못하는 벌이라고 이야기하지만, 실제로 나나니는 날개가 있어 잘 날 수 있습니다. 나나니가 땅에 자주 앉는 이유는 실제로 사냥한 자벌레 때문이에요.
나나니 벌 자신은 보통 꽃에 앉아 꽃가루를 먹고 살지만, 애벌레를 키우기 위해 나방의 애벌레를 사냥합니다. 가장 좋아하는 사냥감은 몸이 길쭉한 자벌레입니다. 짝짓기를 마친 암컷 나나니는 풀숲을 여기저기 뒤지고 다니며 통통하게 살이 오른 자벌레를 찾습니다. 본능적으로 나나니는 자벌레의 배설물 냄새나 식물이 뜯어 먹힐 때 나는 향기를 구별하여 자벌레가 숨은 곳을 정확히 찾아냅니다. 그리고 허리를 구부려 침을 쏘는데, 여기에는 마취제 성분이 들어 있어 자벌레가 몸을 못 움직이게 만듭니다. 그리고 미리 파둔 구멍으로 자벌레를 끌고 가요.
나나니가 만들어 둔 구멍은 주로 해가 잘 드는 곳의 돌이 깔린 화단이나 모래 흙 가장자리 땅속에 있습니다. 나나니가 힘이 세긴 해도 커다란 자벌레를 끌고 가는 것은 쉬운 일이 아니에요. 큰턱으로 물고 낑낑거리며 옮기다가 중간에 사람 눈에 띄면 깜짝 놀라 풀쩍 날아갑니다. 그리고 떨어진 곳에 숨어서 눈치를 보다가 다시 잠잠해지면 자벌레한테 돌아와 다시 끌고 갑니다. 아무래도 이런 나나니의 습성 때문에 사람들은 나나니가 잘 날지 못하고 계속 한곳에 빙빙 맴돌며 머무는 것이라고 생각했던 것 같아요. 사실 나나니가 맴돈 이유는 사냥한 자벌레 때문이었는데 말이지요.

땅속 구멍에 자벌레를 끌고 들어간 다음 암컷 나나니는 자벌레 몸에 알을 하나 낳아 붙입니다. 주로 가슴 쪽에 붙이는데, 혹시라도 잘못하여 마취에서 깨어난 자벌레가 알을 다치게 할까 봐 떼어 내기 가장 힘든 곳에 알을 붙이는 것입니다. 그리고 굴에서 나와 옆에 있는 흙이나 작은 돌을 날라 입구를 완전히 막아 버려요. 여기서 어미 나나니의 역할은 끝납니다. 구멍 속에서는 구더기 모양을 한 나나니 애벌레가 태어나 자벌레 몸에서 체액을 천천히 빨아 먹으며 자라다가 번데기가 되고 마침내 다시 나나니가 되어 구멍을 빠져나오게 됩니다.

조금만 더

① **조롱박벌**: 나나니와 비슷하지만 덩치가 훨씬 커서 커다란 베짱이나 여치를 사냥합니다.
② **큰호리병벌**: 진흙을 날라 덩어리로 붙이거나 호리병 모양으로 만드는 벌이에요.
③ **굼벵이벌**: 몸은 짧고 굵으며 털이 많아요. 풍뎅이 애벌레인 굼벵이에게 기생해요.
④ **감탕벌**: 진흙으로 집을 짓는 벌이며 배마디는 호리병벌보다 굵어요.

방울벌레

 곤충강〉메뚜기목〉귀뚜라미과 | 몸길이: 20~25mm
볼 수 있는 시기: 여름~가을 | 볼 수 있는 곳: 논밭, 그늘진 야산

쟁반에 옥구슬 굴러가는 소리 같다는 말을 들어 본 적이 있을 거예요. 굉장히 아름다운 소리를 비유하는 말인데, 아마도 방울벌레의 소리가 그러지 않을까 싶어요. 방울벌레는 울음소리를 내는 풀벌레 중에서도 가장 소리가 아름다운 것으로 유명해요. 방울귀뚜라미라고도 불리지요. 특히 수컷은 울음소리를 내는 앞날개가 넓적하게 발달해 있는데, 이 부분이 모두 소리를 잘 내기 위해서 특수화되었답니다.

방울벌레는 '링-링-링-' 하는 울음소리가 특별하기 때문에 들어 보면 금방 어디에 사는지 알 수 있어요. 그렇지만 낮에는 풀숲에 가만히 숨어 있고 밤에도 여간해서는 돌아다니지 않기 때문에 모습을 본 사람은 많지 않은 것 같아요. 몸은 온통 까만색이지만, 더듬이가

관찰해 볼까요?

머리: 까만색이에요. 더듬이는 흰색이에요.

가슴: 양옆으로 움푹 파인 곳이 있어요.

배: 날개 밑에 감추어져 있는데, 배 끝에는 긴 꼬리털이 한 쌍 있어요.

날개: 수컷은 폭이 넓고 시맥이 발달한 날개가 있어요. 암컷의 날개는 밋밋해요.

다리: 가늘고 날씬해요.

애벌레: 날개가 짧아서 울지 못해요. 더듬이는 성충처럼 흰색이에요.

흰색이라서 금방 눈에 띕니다. 암컷의 날개는 보통 밋밋하게 생겼지만, 수컷의 날개는 시맥이 발달하여 울음소리를 내기에 알맞아요. 한쪽 날개 아래에는 빨래판처럼 주름진 마찰판이 늘어서 있고 반대편 날개에는 이것을 긁을 수 있는 마찰기가 있어요. 날개를 빠르게 움직이면 비비는 소리가 크게 울려 퍼지는 것이지요.

방울벌레는 봄이 가기 전에 땅속 알에서 부화하여 여름이 가기 전에 어른벌레가 되어요. 귀뚜라미 무리에 속하고 다른 귀뚜라미와 마찬가지로 잡식성이어서 어디에서 무엇이든 먹고 산답니다. 주로 낮에 숨을 곳이 있는 바위틈이나 풀줄기 아래 뿌리 근처에 쉬고 있는데, 밤이 되면 수컷은 날개를 번쩍 수직으로 쳐들고 울기 시작합니다. 조용히 손전등을 비추고 찾아보면 날개를 들고 있는 수컷을 발견할 수 있어요. 방울벌레는 뒷날개가 없어서 날지 못하고 다리도 길고 약한 편이라 잘 뛰지 못해요. 인기척을 느끼면 재빨리 날개를 다시 내리고 어두운 곳으로 기어들어 숨어 버려요.

가을철 풀벌레 소리를 감상하려면 방울벌레를 직접 키워 보면 좋습니다. 어항에 흙을 깔아 주고 축축하게 물을 뿌려 준 뒤 숨을 만한 것을 넣어 주면 됩니다. 먹이는 잡식성이라 여러 가지 과일, 채소, 죽은 곤충, 사료 등이면 됩니다. 다만 너무 축축하면 먹이에 곰팡이가 생기기 쉬우므로 위생에 신경을 써야 합니다. 수컷이 내는 소리는 혼자서 울 때와 옆에 암컷이 있을 때, 그리고 수컷이 있을 때가 달라요. 아무래도 암컷이 있으면 짝짓기를 하려고 부드러운 소리를 내고 수컷이 있으면 경쟁심이 생겨 싸우는 듯한 소리를 냅니다.

이웃나라 일본에서는 풀벌레 중에서 방울벌레의 인기가 가장 높아 장수풍뎅이나 사슴벌레처럼 곤충상점에서 팔리기도 합니다.

가을에 방울벌레나 귀뚜라미 소리를 들으면 1년이 다 지나가는 듯한 느낌이 듭니다. 여름철과는 달리 가을이 되어 밤에 기온이 떨어지면 방울벌레의 울음소리도 다르게 느껴져요. 조금 더 천천히, 그리고 느리게 우는 것이지요. 암컷은 가장 잘 우는 수컷을 찾아가고 짝짓기가 끝나면 조그만 정자주머니가 암컷의 배 끝에 붙어 있어요. 암컷은 온도와 습도가 알맞은 땅을 찾아 산란관을 꽂아 알을 낳아 둡니다. 내년을 기약하면서 말이지요.

조금만 더

① **곰방울벌레**: 몸은 납작하고 단단하게 생겼어요. 더듬이에 흰색 무늬가 있어요.
② **알락방울벌레**: 공원이나 풀밭에 흔해요. 얼룩덜룩한 흑백 무늬가 발달했어요.
③ **좀방울벌레**: 몸은 갈색으로 조그만 방울벌레예요.
④ **바다방울벌레**: 바닷가 방파제 바위틈에 사는 특수한 방울벌레예요. 죽은 게나 생선을 먹고 살아요.

땅강아지

 곤충강 〉 메뚜기목 〉 땅강아지과 | 몸길이: 30~35mm
볼 수 있는 시기: 1년 내내 | 볼 수 있는 곳: 논밭 주변, 습지

흙을 묻힌 채 땅바닥을 기어다니는 곤충, 그렇지만 만져 보면 보드라운 곤충이 땅강아지예요. 땅강아지는 땅을 잘 파기 위해 두더지처럼 생긴 앞다리가 있어요. 그래서 게발두더지라는 별명으로도 불러요. 그리고 하늘강아지, 하늘밥도둑이라고 부르는 경우도 있어요. 땅강아지는 땅을 파고 기어다닐 뿐만 아니라 날아다니기도 잘하거든요. 날다가 부엌에 들어온 땅강아지를 보고 밥을 훔쳐 먹으러 온 것이 아닐까 하는 생각이 하늘밥도둑이라는 별명을 만든 것 같아요. 또 도루래라고도 불러요.

땅강아지는 생김새로 보면 비슷한 곤충이 별로 없어요. 워낙 특별하게 생겼기 때문에 상상하기 힘들겠지만, 사실 귀뚜라미와 가장 가까운 곤충이랍니다. 귀뚜라미처럼 수컷은 날개를 비벼 울음소리

를 내기도 합니다. 한밤에 논둑 주변을 걷다 보면 '비-' 하는 낮으면서 끊어지지 않는 소리가 자주 들리는데, 이것이 땅강아지의 울음소리예요. 옛날 사람들은 지렁이가 운다고 생각했지만, 사실 땅강아지의 울음소리였어요. 땅강아지는 땅굴을 파고 다니며 땅 위로 올라오는 부분에 소리 내기 좋은 굴을 파서 밖으로 울음소리를 내보내요. 땅 위를 걷거나 날아다니던 암컷이 이 소리를 듣고 멀리서도 수컷의 굴을 찾아올 수가 있지요. 땅강아지의 앞다리에는 소리를 들을 수 있는 고막이 있어요.

봄철에 논에 물을 대고 흙을 다지다 보면 땅강아지가 물에 빠져 헤엄치는 것을 자주 볼 수 있습니다. 흙 속에 있던 땅강아지가 물에 빠지면 놀랍게도 헤엄을 아주 잘 쳐서 다시 흙 있는 곳으로 돌아갑니다. 예전 어른들은 오줌싸개 어린이에게 땅강아지를 날로 먹이기도 했는데, 한약재로 땅강아지를 쓰기도 합니다.

땅강아지는 알을 돌보는 모성애가 있어요. 수컷과 짝짓기를 마친 암컷은 땅굴 속에 알을 낳고 애벌레가 태어날 때까지 돌보는데, 자신은 먹지도 않고 부화할 때까지 기다리지요. 어린 땅강아지는 앞다리가 약해서 스스로 굴을 팔 수가 없어요. 최소한 1번 허물을 벗고 기어다닐 때까지 어미가 마련해 준 방에서 자라 어미의 안내를 받고 자신의 길을 찾아 나섭니다. 땅강아지는 귀뚜라미와 마찬가지로 잡식성이에요. 땅에 굴을 파 놓고 다니면 굴속으로 식물의 잔뿌리가 자라 내려오는데, 이것을 갉아 먹기도 하고 죽은 곤충을 먹기도 해요.

땅강아지는 식물의 뿌리를 먹는 습성 때문에 인삼을 키우는 밭에서는 해충 취급을 받아요. 인삼은 바로 뿌리를 이용하는 식물이니까요. 외국에서도 땅강아지가 많이 자라면 잔디밭을 들뜨게 하는 역할을 하므로 해충으로 여겨지기도 해요. 그렇지만 땅강아지는 도시에서는 보기 어려운 곤충이 되었습니다. 땅강아지가 땅을 파기 위해서는 건강한 흙이 있어야 하는데, 아스팔트가 뒤덮어 버린 다음에 땅강아지가 살 터전은 사라지고 말았지요. 땅을 파고 헤엄을 치고 날기도 하는 수륙양용의 땅강아지도 사람이 일으키는 환경변화에는 견디기가 힘든 것 같아요.

땅강아지를 손으로 만지면 보드라운 느낌이지만, 힘센 앞다리로 손가락 사이를 파헤치려고 할 때는 무척 힘이 센 곤충이란 것을 알 수 있어요. 그리고 땅강아지는 적을 물리치기 위해서 꽁무니에서 냄새가 나는 시커먼 물을 싸기도 해요.

 **조금만 더**

① **좁쌀메뚜기**: 크기가 5mm밖에 되지 않는 작은 흑색의 메뚜기예요. 땅강아지처럼 땅굴을 파고 알을 낳아요.
② **두더지**: 털이 덮여 있고 굵은 앞다리와 뾰족한 주둥이가 땅강아지와 비슷해요.

장수말벌

 곤충강〉벌목〉말벌과 | 몸길이: 30~45mm
볼 수 있는 시기: 1년 내내 | 볼 수 있는 곳: 야산, 참나무 숲

    커다란 말벌이 붕붕거리며 날아오면 대부분의 사람들이 깜짝 놀라 겁을 먹습니다. 그도 그럴 것이 매년 뉴스에서 가을철마다 사람들이 벌에 쏘여 몇 명씩 사망하는 사고가 일어나니까요. 꿀벌에 비해 말벌은 성질이 사납고 덩치가 크며 독성도 강해 쏘이면 심한 아픔을 느끼게 됩니다. 장수말벌은 그중에서 가장 대형으로 붕붕거리는 날갯짓 소리만 들어도 대단히 위협적이에요. 장수말벌의 장수는 오래 산다거나 또는 무엇을 판다든가 하는 장수가 아니고, 물장군의 장군과 같이 군대 장수를 뜻하는 말이에요. 가장 크고 힘이 센 곤충에게 장수라는 말을 붙이는데, 장수하늘소, 장수잠자리, 장수풍뎅이도 모두 같은 뜻이에요.
    장수말벌을 포함하여 야생 말벌들은 꿀벌처럼 꿀이나 꽃가루를

관찰해 볼까요?

배: 노랗고 검은 무늬가 눈에 잘 띄어요. 배 끝에서 산란관이 변한 독침이 들락날락해요.

가슴: 검정색으로 단단해요.

날개: 2쌍의 날개를 폈다가 접을 때에는 배 위에 수평으로 접어서 올려 놓아요.

머리: 크고 단단하며 노란색 부분이 많아요.

다리: 길고 튼튼해요.

암컷

수컷은 번식기인 가을에만 나타나요. 암컷에 비해 약간 작고 더듬이가 길어요.

수컷

모으지 않아요. 나무수액을 핥거나 과일즙을 빨기도 하지만 주로 작은 곤충을 사냥하여 잡아먹습니다. 필요 없이 단단한 날개나 다리, 그리고 머리 같은 부분도 모두 떼어 내고 근육이 많은 가슴살을 씹어 곤죽을 만든 다음 집으로 가져가 기다리고 있는 애벌레에게 먹이지요. 장수말벌 한 마리가 뜨면 꿀벌 집 한 통이 박살나기까지 해요. 그래서 벌을 키우는 분들은 장수말벌을 가장 싫어해요. 특히 가을철은 말벌의 번식철인데, 벌집이 최대로 커지는 시기입니다. 배고픈 애벌레를 어서 키워 내기 위해 많은 곤충을 사냥해 잡아갑니다.

사람들이 벌에 쏘이는 가장 큰 이유는 모르고 집을 건드렸기 때문입니다. 벌집이 사람 눈에 잘 띄지 않는 땅굴 속이나 나뭇가지에 매달려 있는데, 그것을 모르고 건드리면 벌떼가 달려 나와 사람을 공격합니다. 이때에는 가만히 엎드려 있지 말고 최대한 빨리 벌집에서 멀리 달아나야 합니다. 벌침에 알레르기가 있는 사람은 두 번째 쏘였을 때 심한 쇼크가 와서 죽을 수 있어요. 꿀벌은 한번 쏘고 다시 쏠 수 없지만, 말벌은 계속해서 쏠 수 있고 게다가 큰턱으로 깨물기까지 합니다. 그렇지만 한 마리 있는 말벌을 보고 크게 놀랄 필요는 없어요. 산에서 단맛이 있는 음료수를 마시거나 과일을 먹을 때에도 말벌이 잘 날아오는데, 놀란 마음에 손사래를 치면서 호들갑을 떨면 벌이 흥분하여 공격하는 수가 있으므로 그저 조용히 가만히 있으면 말벌이 지나갑니다.

말벌이 만든 집은 가을에 커다란 축구공 모양으로 커져요. 꿀벌은 몸에서 낸 밀랍 성분으로 집을 짓지만, 말벌은 나무껍질을 갉아 침과 섞어 반죽한 펄프 성분의 종이집을 짓지요. 주로 비를 맞지 않는 버려진 창고의 지붕 밑이나 절벽 바위 아래, 그리고 나무구멍 속이나 땅속에 집을 짓기도 해요. 벌집을 발견하면 너무 가까이 가지 말고 돌을 던지거나 해서 벌을 흥분시키는 위험한 장난은 하지 않는 것이 좋아요. 예전 어른들은 장수말벌 집을 몰래 따다가 말벌주를 담그기도 했어요.

가을이 가기 전에 수벌이 태어나고 짝짓기를 마친 암컷 여왕벌만이 겨울을 납니다. 한겨울에도 쓰러진 나무를 뒤집어 보면 여왕벌이 나무구멍을 파고 겨울잠 자는 것을 가끔 발견할 수 있어요. 여왕벌 한 마리로부터 내년 봄에 다시 커다란 벌 무리가 만들어집니다. 사람을 쏠 수 있는 벌이지만, 너무 무서워하지 말고 벌에 대해 대처하는 방법을 잘 알면 크게 위험하지는 않아요.

① **땅벌**: 크기가 작지만 떼로 덤벼들어 더욱 사나워요.
② **왕바다리**: 쌍살벌 종류로 큰 벌집을 지어요.
③ **뱀허물쌍살벌**: 뱀이 벗어 놓은 허물 같은 모양의 늘어진 집을 짓습니다.
④ **털보말벌**: 몸에 누런 털이 많이 나 있어요.

늦반딧불이

 곤충강 〉 딱정벌레목 〉 반딧불이과 | 몸길이: 16~20mm
볼 수 있는 시기: 여름~가을 | 볼 수 있는 곳: 야산, 습한 풀밭

반딧불이는 불을 내는 특별한 능력을 가진 곤충이에요. 예전의 이름은 그냥 '반디'였어요. 또 '개똥벌레'나 '불한듸'라고도 불렀지요. 반딧불이 종류 중에서 늦반딧불이는 1년 중 가장 늦게 가을철에 나오는 반딧불이라서 '늦'반딧불이라고 불러요. 반딧불이 종류 중에서 몸 크기가 가장 크기도 해요.

어스름한 밤이 되면 반딧불이의 빛이 하나둘 깜박거려요. 공동묘지가 많은 우리나라에서 반딧불은 도깨비불로 불리는 일도 있었어요. 백열등처럼 빛을 내는 물체는 보통 뜨거운 열까지 내는 경우가 많지만, 반딧불이가 내는 빛은 차가운 빛이라 냉광이라고 불러요. 우리가 집에서 사용하는 형광등도 뜨겁지 않은 불인데, '형광(螢光)'이라는 말이 바로 반딧불을 뜻하는 한자말이에요.

관찰해 볼까요?

머리: 위에서 보면 앞가슴등판에 가려서 잘 보이지 않아요. 한 쌍의 겹눈과 더듬이가 있어요.

가슴: 주황색이고 반달 모양이에요. 위에 약간 투명한 부분이 있어요.

딱지날개: 짙은 검정색이에요. 뒷날개는 감추어져 있어요.

다리: 검은색이에요.

배: 날개 밑에 거의 감추어져 있어요. 아래에서 보면 빛을 내는 발광기가 있어요.

애벌레의 사냥: 달팽이를 잡아먹어요.

탈피: 애벌레는 허물을 벗으며 자라요.

야행성인 반딧불이는 완전히 어두운 밤에만 활동을 해요. 낮에는 축축한 풀숲에 가만히 숨어서 쉬고 있어요. 어른 반딧불이는 입이 퇴화하여 먹이를 전혀 먹지 않기 때문에 오래 살지 못해요. 대부분 1~2주 정도 불을 밝히며 짝을 찾아 날다가 짝짓기를 마치면 죽고 말아요. 반딧불이의 빛은 자기 짝을 찾기 위해서 가장 중요한 수단이에요. 반딧불이는 종류에 따라서 불을 켜는 방식이 다른데, 늦반딧불이는 낮은 곳에서 높은 곳을 향해 날아오르며 밝은 주황색 불을 환히 켜면서 죽 날아가요. 내가 여기 있으니 암컷들은 날 봐 주세요, 하는 신호예요. 한편 운문산반딧불이는 가만히 계곡 주변을 날면서 깜박깜박 한 번씩 플래시를 터뜨렸다 껐다 다시 터뜨렸다 껐다 하는 방식으로 초록색 불빛을 내며 날아가요.

반딧불은 자기 짝을 찾는 신호이기도 하지만, 적에게 겁을 주는 역할도 해요. 사실 늦반딧불이의 몸 안에는 먹으면 구토를 일으키는 독성분이 들어 있어요. 독이 있는 곤충이니 먹지 말라는 뜻으로 일부러 빛을 내는 것이지요. 땅 위에 반딧불이 기어가는 일도 있는데, 이것은 사실 늦반딧불이의 애벌레가 내는 빛이에요. 늦반딧불이의 애벌레는 몸이 길쭉하고 마디가 있는 로봇처럼 전혀 다르게 생겼어요. 그렇지만 애벌레 때부터 불을 켜고 다니는 습성은 똑같아요.

습한 곳을 좋아하는 반딧불이 애벌레는 역시 습한 곳에 사는 달팽이나 다슬기처럼 몸이 연한 연체동물을 잡아먹고 살아요. 늦반딧불이 애벌레는 달팽이가 기어가며 남긴 끈끈한 자국을 쫓아가 뾰족한 주둥이로 달팽이를 찔러 잡아먹어요. 애벌레의 침 속에서는 마취

성분과 살을 녹이는 소화성분이 있어 달팽이를 녹여서 잡아먹어요. 물속에 사는 애반딧불이 애벌레는 주로 물속에 사는 다슬기를 잡아먹고 살아요.

반딧불이는 빛이 없고 습한 곳에서만 살 수 있기 때문에 밤에도 불이 꺼지지 않는 도시에서는 살기가 어려워요. 우리나라 전북 무주에서는 매년 반딧불이 축제가 열려요. 무주의 설천면 반딧불이 서식지는 천연기념물 제322호로 지정되어 보호하고 있어요. 그리고 수원이나 성남 같은 곳에서도 반딧불이 체험교실을 열기도 하지요.

반딧불이는 그만큼 환경이 훼손되지 않은 청정한 곳에만 살기 때문에 지역을 지키고 보호하는 사람들에게 훌륭한 상징적 곤충이 되고 있습니다. 반딧불이가 떠난 곳은 사람들이 살기에도 좋지 않은 곳이라 할 수 있어요.

 **조금만 더**

① **애반딧불이**: 몸 크기는 작고 여름부터 가을까지 나타나요. 앞가슴등판에 작은 흑색 무늬가 있어요. 애벌레는 물속에서 다슬기를 잡아먹고 살아요.
② **운문산반딧불이**: 경북 청도 운문산에서 발견된 우리나라 고유종이에요. 수컷은 깜박깜박 불을 켰다 껐다 하며 날아다녀요.
③ **꽃반디**: 반딧불이 무리에 속하지만 빛을 내지 못하는 반딧불이예요. 낮에 활동해요.

우묵날도래

 곤충강〉날도래목〉우묵날도래과 | 몸길이: 30mm 내외
볼 수 있는 시기: 여름~가을 | 볼 수 있는 곳: 하천, 계곡

여름철 계곡으로 나들이 갔다가 물속을 들여다보면 식물 지푸라기처럼 보이는 것이 움직일 때가 있어요. 이게 뭐지? 하고 건져 보면 그냥 아무것도 아닌 낙엽이 뭉친 덩어리 같아 다시 물속에 풍덩 던져 줍니다. 그런데, 잠시 있다가 식물 부스러기가 다시 움직이기 시작해요. 자세히 보니 작은 다리 같은 게 나와 바닥을 기어다닙니다. 이것이 날도래라고 하는 곤충입니다.

날도래는 강도래와 함께 애벌레 시절에 물속에 사는 대표적인 수서곤충이에요. 정확한 말뜻에 대해서는 여러 의견이 있지만, 날도래와 강도래는 팥중이와 콩중이처럼 대조적인 뜻으로 붙인 이름으로 보이며 여기서 도래는 성냥개비처럼 작은 나뭇가지를 가리키는 우리말입니다. 즉 날도래는 나뭇가지를 실로 엮어 만든 집 속에 사

는 벌레라는 뜻을 갖고 있습니다. 우묵날도래는 날도래 중에서도 가장 크기가 큰 종류예요.

중국에서는 날도래를 석잠(石蠶) 또는 석아(石蛾)라고 부르는데, 돌로 집을 만드는 누에, 또는 나방이라는 뜻이 있습니다. 날도래는 종류에 따라서 나뭇가지, 낙엽으로 집을 만들거나 돌가루로 집을 짓기도 해요. 또 자갈 사이에 그물을 쳐서 그 속에 숨어 사는 종류도 있지요. 서양에서도 이런 날도래의 습성 때문에 털실 짜는 벌레(caddisfly)라는 별명으로 부릅니다. 북한에서는 날도래는 '풀미끼'라고 부르는데, 계곡 낚시를 좋아하는 사람들이 날도래 애벌레를 잡아 물고기 잡는 미끼로 썼기 때문에 붙은 이름이에요. 남한에서는 '물여우', '꼬네'라는 사투리로 부르기도 해요.

우묵날도래 애벌레는 물속에 살면서 여러 가지 유기물을 갉아 먹습니다. 물에 빠진 낙엽을 가장 잘 갉아 먹지만, 간혹 죽은 동물을 먹기도 해요. 한번은 물에 빠진 동물의 뼈 조각에 날도래가 잔뜩 붙어 있는 것을 본 적이 있어요. 또 종류에 따라서는 바위 사이에 그물을 쳐서 걸린 작은 벌레를 사냥하는 것도 있습니다.

날도래는 집을 짓기 위해 입안 실샘에서 끈끈한 액체를 분비하는데, 물과 닿으면 튼튼한 밧줄처럼 변합니다. 바닷속 바위에 붙어 사는 홍합 같은 조개가 바닷물에도 녹지 않는 튼튼한 접착제 성분의 실을 만들어 내는 것과 마찬가지로 날도래 애벌레도 민물에 녹지 않는 실을 만들기 때문에 과학자들은 날도래의 특별한 재주에 대해 연구하기도 해요.

여름과 가을 사이 우묵날도래는 집 속에서 번데기로 변합니다. 보통 길쭉한 애벌레 모습에서 날개와 긴 다리, 더듬이가 있는 번데기로 변해요. 번데기 역시 물에서 숨을 쉬기 위해 배에는 긴 아가미털이 달려 있습니다. 번데기에서 탈출한 날도래 성충의 모습은 애벌레와 완전히 다른 나방과 비슷한 모습의 곤충이 됩니다.

사실 날도래는 나방과 가장 가까운 종류입니다. 나방은 날개에 비늘가루가 덮여 있지만, 날도래는 날개에 털이 덮여 있지요. 날도래 성충은 입이 퇴화하여 먹이를 먹지 않으며 하루살이나 강도래 같은 다른 수서곤충들과 마찬가지로 짝짓기를 하고 금방 죽습니다.

물가에 놀러 갔을 때 밤에 불 켜진 곳을 가 보면 나방과 함께 날도래가 많이 날아오는 것을 볼 수 있어요. 긴 실 모양의 더듬이와 삼각형 모양으로 날개를 접고 앉는 것이 날도래 성충입니다.

조금만 더

① **갈색우묵날도래 애벌레**: 돌가루를 이어 붙인 집을 지어요.
② **수염치레각날도래 애벌레**: 주둥이가 길게 나와 있어요. 돌 사이에 그물을 치고 먹이를 잡아먹어요.
③ **어리굴뚝날도래 애벌레**: 식물을 잘라 통으로 이어진 집을 지어요.
④ **줄날도래 애벌레**: 특별한 집을 짓지 않고 돌 밑에 숨어 살아요.

수시렁이

 곤충강〉 딱정벌레목〉 수시렁이과 | 몸길이: 8mm 내외
볼 수 있는 시기: 1년 내내 | 볼 수 있는 곳: 동물 사체 주변

    수시렁이라는 이름은 오래되었지만 정확한 뜻을 알긴 힘들어요. 예전에는 '수수렝이'라고도 불렀는데, 아마도 여기저기 쑤시고 다니며 갉아 먹은 자국을 남기는 특징 때문인 것 같아요. 수시렁이는 사람 집에도 자주 나오는 곤충이에요. 산울림이란 그룹이 부른 '비닐장판 위에 딱정벌레'라는 노래가 있는데, 집 안 장판에서 자주 눈에 띄는 곤충이 수시렁이예요. 물론 수시렁이는 딱지날개가 단단한 딱정벌레의 일종이지요. 서양에서는 수시렁이를 카펫 딱정벌레(carpet beetle)라고 부릅니다. 바닥에 까는 카펫에서 많이 보이기 때문이에요.

    사람 집에 사는 곤충들은 다 그렇듯이 사람이 제공하는 안락한 공간과 언제든지 있는 먹이 때문에 사는 것이지요. 수시렁이는 특히

관찰해 볼까요?

딱지날개: 연한 비늘가루가 덮여 있어요.

배: 아랫면에 연한 비늘가루가 무늬를 이루고 있어요.

가슴: 반원통형이에요.

다리: 가늘고 길어요.

머리: 작고 짧은 더듬이가 있어요.

애벌레: 털이 많이 나 있어요. 동물 사체에 모여 있어요.

마른 동물성 물질을 갉아 먹는 습성이 있습니다. 생선을 말리는 어망 주위에 수시렁이가 자주 날아와요. 그리고 옷장 안에 동물성 물질로 된 옷이 있으면 수시렁이가 생겨요. 오랫동안 옷장 안을 잘 살펴보지 않으면 어느새인가 벌레가 생기는 일이 있습니다. 면이나 마 같은 천연섬유로 된 옷에는 좀과 옷좀나방 같은 곤충이 생기고 양털이나 토끼털 같은 모피 옷, 그리고 소가죽 같은 동물질 가죽 옷에 수시렁이가 찾아와 알을 낳습니다. 수시렁이 애벌레는 몸에 털이 많이 나 있어 구별하기 어렵지 않아요. 워낙 갉아 먹는 능력이 뛰어나기 때문에 몇 마리만 생겨도 옷이 금방 망가져요.

수시렁이는 동물표본이 있는 박물관에서도 아주 골치 아픈 존재랍니다. 박제가 되어 있는 동물 몸에서 털이 자꾸 빠지고 바닥에 가루가 떨어져 있으면 수시렁이가 생긴 것입니다. 또한 수시렁이는 곤충표본을 갉아 먹는 곤충입니다. 곤충표본을 만들 때 잘 관리하지 않으면 수시렁이가 몰래 날아와 알을 낳아 붙입니다. 곤충표본을 상자 안에 넣어 두고 오랫동안 돌보지 않다가 어느 날 갑자기 꺼내 보면 수시렁이가 온통 생겨서 곤충표본은 온데간데없이 곤충표본을 꽂았던 바늘과 라벨만 남아 있고 온통 갉아 먹은 수시렁이의 똥과 가루만 남아 있는 일이 있습니다. 그래서 박물관이나 표본실에서는 수시렁이가 발생해 표본이 망가지는 일이 없도록 항상 수시렁이가 생겼는지 조심해서 살펴봅니다.

수시렁이는 산에서 죽은 새나 짐승, 길가에서 치어 죽은 동물 사체, 그리고 바닷가에 떠밀려 온 죽은 물고기 같은 것에도 날아옵니다. 송장벌레와 마찬가지로 수시렁이 역시 자연계에서 동물 사체를 분해하는 역할을 하는데, 송장벌레는 금방 죽은 동물에 찾아오는 반면, 수시렁이는 죽은 지 오래되어 마르고 딱딱해져 가죽만 남은 시체에 날아옵니다. 따라서 시체에 찾아오는 곤충 종류를 조사해 보면 죽은 지 얼마나 오래되었는지 알 수 있습니다.

이집트의 피라미드나 일본의 오래된 무덤을 발굴하면서 사람의 미라에서 수많은 수시렁이의 껍질이 함께 나온 일이 있습니다. 시체 역시 동물성 물질이라 어느 틈엔가 수시렁이가 발생해 애벌레가 자라면서 벗어 놓은 허물이 같이 발굴된 것입니다.

만약 집 안을 돌아다니는 수시렁이를 발견하면 옷장을 다시 살펴보거나 오래된 창고를 조사해 보는 것이 좋아요. 어디선가 무심코 버려진 생선이나 저장식품이 있을 수도 있고 어딘가에 죽은 쥐나 고양이, 비둘기 같은 시체가 썩어 가고 있을지 모르니까요.

 **조금만 더**

① **애수시렁이**: 몸 색깔은 전체가 어두운 검정색이에요. 집 안에 나타나요.
② **애알락수시렁이**: 몸은 동그랗고 작아요. 주로 곤충표본을 갉아 먹고 살아요.
③ **홍띠수시렁이**: 딱지날개에 붉은색과 검은 점무늬가 있어요.

남가뢰 | 벌의 알집에 기생하는 애벌레
노랑털기생파리 | 나방의 애벌레에 기생하는 곤충
동양하루살이 | 물속에서 1~3년, 물 밖에서 며칠을 사는 곤충
박각시 | 독특한 무늬로 스스로를 보호하는 곤충
매미나방 | 모성애가 강한 독나방과 곤충
방아깨비 | 보호색으로 스스로를 지키는 곤충
대벌레 | 걸어 다니는 막대기 벌레
고마로브집게벌레 | 모성애가 극진한 산에 사는 곤충
노랑쐐기나방 | 쏘이면 위험한 나방 애벌레
각시메뚜기 | 추위를 잘 견디는 큰 메뚜기
묵은실잠자리 | 어른벌레로 겨울을 나는 곤충

4

치열한 생존과
번식 이야기를 들려주는
곤충

남가뢰

 곤충강〉딱정벌레목〉가뢰과 | 몸길이: 15~30mm
볼 수 있는 시기: 봄 | 볼 수 있는 곳: 야산, 풀밭, 무덤가

    짙은 남색을 띠는 가뢰라서 남가뢰라고 부릅니다. '가뢰'는 이전에 '가래'라고도 불렸는데, 오래된 말이라 어떤 뜻을 가진 말인지 잘 알려져 있지 않아요. 다만 농사지을 때 쓰는 가래라는 농기구와 이름이 같아서 농사지을 때 많이 보던 곤충이라는 뜻이 있지 않을까 하는 추측을 해요. 가뢰는 대표적인 색깔에 따라 남색이면 남가뢰, 청색이면 청가뢰, 노란색이면 황가뢰, 흑색이면 먹가뢰라고 불러요.

    가뢰는 산에 살면서 여러 가지 식물을 갉아 먹고 살아요. 특히 사람이 먹을 수 없는 독초를 먹기도 하지요. 가뢰는 한방에서 약재로 쓰는 약용곤충으로 잘 알려져 있어요. '반묘' 또는 '지담'이라고 부르는 약재 이름이 말린 가뢰를 가리키는 말입니다. 가뢰의 몸속에는 '칸타리딘'이라는 독성 물질이 있는데, 이 성분을 예전부터 사람들은

관찰해 볼까요?

머리: 둥글고 염주 모양의 더듬이 한 쌍이 있어요.

가슴: 머리보다 작고 둥근 모양이에요.

배: 암컷은 특히 배가 크고 둥글어요.

딱지날개: 딱지날개는 배를 다 덮지 못할 만큼 짧고 배 위에서 벌어져 있어요. 뒷날개는 없어요.

다리: 가늘고 길어요.

애벌레: 풀 위에 집단으로 모여 있다가 벌이 다가오면 몸에 올라타 벌집으로 옮겨가요.

약으로 써 왔습니다. 가뢰는 딱정벌레 무리에 속하지만, 동작이 빠르지도 않고 몸도 그리 단단하지 않아요. 눈에 잘 띄어도 별로 겁을 먹지 않는 이유가 자기 몸속의 독이 있다는 것을 알기 때문이지요.

가뢰를 건드리면 죽은 척하면서 다리 관절에서 노란 물이 나옵니다. 이 물이 피부에 닿으면 화끈한 느낌이 들면서 잠시 후 물집이 생깁니다. 그리고 물집이 터져 결국 상처가 생기지요. 옛날 사람들은 가뢰의 몸속에 이렇게 열을 내는 물질이 있다는 것을 알았습니다. 가뢰를 말려 가루로 만든 다음 환을 만들어 먹거나 피부에 발라 버짐이나 부스럼 치료에 사용했지요. 서양에서도 가뢰의 체액을 발라 사마귀를 없애는 데 썼다고 해요. 그렇지만 많은 양을 잘못 먹게 되면 위염을 일으켜 사람이 죽을 수도 있는데, 연애에 실패한 사람이 자살하려고 가뢰를 먹었다는 얘기가 전해 옵니다.

가뢰는 또한 애벌레가 벌이나 메뚜기 알집에 기생하는 기생곤충입니다. 암컷은 특히 배가 크고 볼록한데, 이는 많은 알을 가지고 있다는 의미입니다. 짝짓기를 마친 암컷 가뢰는 땅속에 수천 개나 되는 많은 알을 낳습니다. 여기서 태어난 수많은 애벌레는 땅 위로 올라와 꽃 위나 식물 위에 무리 지어 붙어 있습니다. 벌이 오기를 기다리는 것이지요. 가뢰 애벌레는 특히 움켜잡을 수 있는 발톱이 발달하여 발톱벌레라고 불러요. 벌이 꿀을 빨러 식물의 꽃이나 잎 주변에 가까이 왔을 때 그 진동을 느끼고 애벌레들이 재빨리 벌의 몸에 옮겨 탑니다. 벌 몸에는 털이 많아 붙잡기가 좋아요. 벌을 따라 벌집으로 간 가뢰 애벌레는 벌이 모아 놓은 꽃가루와 벌의 알을 훔쳐 먹고 대신 자랍니다. 마치 뻐꾸기 어미가 다른 새집에 몰래 알을 낳고 부화한 새끼는 양부모의 먹이를 받아먹고 자라는 것과 비슷하지요. 또 어떤 종류의 가뢰는 땅속을 돌아다니며 메뚜기 알집을 찾아 갉아 먹습니다. 이런 기생생활을 하기 위해서는 운이 좋아야 성공하기 때문에 확률을 높이기 위해 암컷은 많은 알을 낳는 것입니다. 따라서 가뢰는 벌이나 메뚜기가 많이 사는 곳에 살 수 있습니다.

가뢰의 성분을 이용해 약재 등을 개발하기 위해 요즘에도 연구가 이루어지고 있습니다. 한의학이 발달한 중국에서는 큰 농장에서 약재로 사용할 가뢰를 대량으로 키우기도 합니다.

조금만 더

① **네눈박이가뢰**: 머리와 가슴은 검정색이고 딱지날개는 주홍색인데, 4개의 점무늬가 있어요. 꽃에 잘 모여요.
② **둥글목남가뢰**: 짙은 남색으로 머리와 가슴, 딱지날개에 올록볼록한 질감이 있어요.
③ **먹가뢰**: 몸은 검정색이고 머리는 붉은색이에요. 콩과식물에 잘 모여요.

노랑털기생파리

 곤충강〉 파리목〉 기생파리과 | 몸길이: 14~16mm
볼 수 있는 시기: 1년 내내 | 볼 수 있는 곳: 산지, 들판, 야생화 주변

봄이 오면 꽃이 핀 곳에 많은 곤충들이 날아오기 시작합니다. 개중에는 나비처럼 아름다운 곤충도 있고 꿀벌처럼 벌침을 쏘는 곤충도 있어요. 무당벌레나 홍날개 같은 작은 딱정벌레도 꽃 속에 몸을 파묻고 꽃가루와 꿀을 마음껏 먹어요. 그런데 파리 종류도 꽃에 많이 날아온답니다. 파리라면 지저분한 곤충으로 생각하기 쉽지만, 꽃에서 꽃가루를 옮겨 줄 뿐만 아니라 너무 많은 해충이 퍼지지 않도록 천적 역할을 하는 파리도 있어요. 기생파리는 기생벌처럼 기생하는 습성이 있는 파리예요. 노랑털기생파리는 커다란 황색의 기생파리로 봄철 꽃에 잘 날아옵니다. 꽃에서 꿀을 빠는 파리를 보면 그다지 특이해 보이지 않지만, 사실 기생파리는 여기저기 날아다니며 자기 알을 낳아 붙일 다른 곤충을 찾아다닙니다.

일반 파리와 기생파리를 일반인들이 구별하기는 쉽지 않아요. 다만 기생파리는 배의 엉덩이 쪽에 센털이 나 있는 것이 많고 생김새는 긴 것도 있고 짧은 것도 있고 다양합니다. 기생파리는 해가 잘 드는 풀밭이나 높은 산지에 많이 나타나요. 먹이가 될 다른 곤충들이 많은 곳이 가장 좋겠지요. 기생파리가 주로 기생하는 곤충은 나비, 나방의 애벌레가 많은데, 이외에도 바구미 같은 딱정벌레나 베짱이, 노린재, 심지어 사마귀 몸에 알을 낳는 일도 있답니다.

햇볕을 쬐고 있다가 파리가 잎사귀 이쪽저쪽을 돌아다니며 뭔가를 수색하는 모습이 보이면 기생파리가 희생시킬 숙주를 찾아다니는 장면입니다. 나방 애벌레가 아무리 몸을 잘 숨기고 있어도 기생파리는 발달한 후각으로 애벌레를 찾아내요. 그리고 몰래 알을 붙이는데, 이때 엉덩이 끝이 길게 빠져 나와 애벌레 몸에서 가장 알을 떼어 내기 힘든 머리와 가슴 같은 곳에 알을 붙입니다. 순식간에 알을 낳아 붙이기 때문에 애벌레는 아무것도 모르고 당할 수밖에 없어요. 기생파리 알에서는 곧 작은 구더기가 부화하여 애벌레의 몸에 나 있는 숨구멍이나 얇은 피부를 통해 몸속으로 기어 들어가지요. 기생벌의 경우는 뾰족한 산란관이 있어 숙주의 몸속에 직접 알을 낳지만, 기생파리는 찌를 수 있는 산란관이 없어서 이처럼 몸 바깥에 알을 붙이면 태어난 작은 애벌레가 숙주의 몸을 뚫고 들어갑니다.

몸속에 들어간 구더기는 천천히 숙주의 영양분을 뺏어 먹어요. 우선은 다쳐도 크게 상관없는 몸속 지방체 같은 것을 먹어치우다가 마지막에 가서 내부의 살을 몽땅 파먹고 다시 숙주의 몸을 뚫고 나와 탈출합니다. 기생당한 곤충을 보면 몸속에 뭔가 꿈틀거리는 것이 비쳐 보이는 일이 있는데, 이것이 기생파리의 애벌레 구더기입니다. 기생파리 구더기가 탈출하면 숙주는 결국 죽어 버리고 말아요. 구더기는 곧 땅속으로 기어 들어가 우리가 재래식 화장실에서 많이 본 적 있는 팥알 모양의 파리 번데기로 변해요. 그리고 얼마 지난 후 결국 다시 기생파리 성충이 번데기에서 나와 날아다니게 됩니다.

기생파리 중에는 특별히 후각 대신 청각이 발달하여 밤중에 울고 있는 베짱이나 귀뚜라미의 소리를 듣고 날아와 알을 낳는 종류도 있어요. 기생파리에게 기생당한 곤충은 보통 몸에 하얀색 알이 붙어 있어서 쉽게 구별할 수 있지요. 처음에는 멀쩡하게 살아 있지만, 결국에는 몸속 기생파리에게 영양분을 빼앗겨 죽고 말아요. 먹고 먹히는 곤충들의 세계는 참으로 복잡하면서 신기합니다.

 **조금만 더**

① **검정수염기생파리**: 몸은 전체적으로 어두운 검정색이며 더듬이가 파리치고는 긴 편이에요.
② **남색기생파리**: 높은 산지에 살며 녹색 광택이 나요.
③ **뒤영벌기생파리**: 털이 많이 난 뒤영벌과 비슷하게 생겼어요.
④ **큰중국별똥보기생파리**: 배가 뚱뚱하고 넓적합니다. 노린재에 기생합니다.

동양하루살이

 곤충강 〉 하루살이목 〉 하루살이과 | 몸길이: 20~25mm
볼 수 있는 시기: 봄~여름 | 볼 수 있는 곳: 물가, 하천

하루살이는 하루만 살기 때문에 하루살이라고 한다는 애기는 너무나 유명하지요. 하루살이가 메뚜기와 놀다가 헤어지면서 메뚜기가 말하길 내일 만나자고 했습니다. 그러자 하루살이는 내일? 내일이 뭐야? 하고 물었다고 하지요. 남의 입장을 잘 모르면서 자기 애기만 할 때 이런 우화를 빌려 얘기하곤 합니다. 수명이 하루만큼 짧은 곤충으로 하루살이가 가장 유명하지만, 실제 알에서부터 태어나 어른벌레가 다시 알을 낳을 때까지 한살이로 따지면 수명이 가장 짧은 곤충은 진딧물인 것으로 밝혀져 있습니다.

그렇다면 하루살이는 얼마나 살 수 있을까요? 하루살이는 실제 물속에서 애벌레 상태로 몇 년씩이나 살 수 있습니다. 계속 허물을 벗고 자라며 크다가 마지막 성충이 될 때 물 밖으로 나와 어른벌레

가 되는데, 어른 하루살이는 입이 퇴화하여 먹이를 먹지 못합니다. 그러다 보니 아무래도 수명이 짧을 수밖에 없겠지요.

하루살이는 애벌레가 물 위로 헤엄쳐 나오면서 바로 허물을 벗고 날아다닐 수 있는 날개 달린 어른벌레가 됩니다. 그런데 날개가 달린 상태에서 하루쯤 지나 다시 허물을 벗습니다. 보통 곤충은 어른벌레가 될 때 날개가 생기면 더이상 허물을 벗지 않는데, 하루살이는 곤충 중에서는 유일하게 날아다닐 수 있는 성충 상태에서 한 번 더 허물을 벗어야 비로소 다 자란 성충이 됩니다. 그래서 그 이전 상태를 아성충이라고 따로 구별해 말하지요. 아성충 하루살이는 보통 날개가 뿌옇고 두꺼워 보이며, 성충 하루살이는 날개가 투명하면서 얇아 보입니다.

흔히 눈앞에 무리 지어 날아다니는 작은 벌레를 보면 하루살이라고 말합니다. 또 날파리라고 말하는 경우도 많아요. 그런데 실제로 떼 지어 날아다니는 곤충을 채집해 보면 하루살이가 아닌 경우가 더 많습니다. 깔따구나 모기, 진딧물, 기생벌 같은 곤충도 무리 지어 날아다니는 습성이 있는데, 보통 사람들은 하루살이 떼라고 말합니다. 실제 하루살이는 작은 잠자리만큼 크기도 크고 작은 날파리와는 전혀 생김새가 달라요.

하루살이는 주로 물가에 해 질 무렵부터 큰 무리를 지어 날아다니는데, 자기 짝을 찾기 위해서예요. 하루살이의 수컷은 특히 커다란 겹눈이 있어 암컷을 발견하기 좋으며 앞다리가 길어서 암컷을 붙잡아 날아다니며 짝짓기를 합니다. 떼 지어 다니는 이유는 자기 짝을 찾기 쉽게 하기 위한 목적이 있고 또한 천적이 나타났을 경우에 자신이 잡아먹힐 확률이 줄어들기 때문이에요. 하루살이 떼가 일시에 나타나면 천적은 배가 불러 포식을 하게 되어 더이상 잡아먹지 않게 한다는 이유도 있습니다.

짝짓기를 마친 암컷은 배 끝에 알 무더기를 둥글게 뭉쳐 달고 다니다가 물로 뛰어들어 던지고 자신도 물에 빠져 죽습니다. 결국 하루살이는 물 밖으로 나오자마자 며칠 내 짝짓기를 하고 금방 죽습니다. 이런 한살이 과정을 본다면 하루밖에 살지 못한다는 말도 크게 틀린 말은 아니에요.

하루살이 애벌레는 물속에서 물에 끼는 미세조류나 물때를 갉아 먹고 삽니다. 물속 돌을 뒤집었을 때 바글바글 붙어 있는 작은 벌레가 바로 하루살이 애벌레입니다. 하루살이는 종류에 따라 계곡의 맑은 물에 사는 것도 있고 넓은 하천이나 웅덩이에 사는 종류도 있습니다. 동양하루살이는 우리나라 강가에 가장 흔하게 나타나는 하루살이 종류예요.

 **조금만 더**

① **봄처녀하루살이**: 몸은 짙은 흑색이고 이른 봄에 나타나요.
② **햇님하루살이**: 밝은 낮에 해를 보고 날아다녀요.
③ **강하루살이**: 날개에 붉은빛이 있고 꼬리털에도 붉은 색깔이 있어요.
④ **강하루살이 애벌레**: 앞으로 크게 튀어나온 큰턱이 있어요.

박각시

 곤충강〉나비목〉박각시과 | **날개 편 길이: 90~100mm**
볼 수 있는 시기: 여름~가을 | 볼 수 있는 곳: 산지

어두워진 여름밤에 불 켜진 전등불에는 많은 곤충이 날아들어요. 어둠 속에 빛이 있으면 곤충들이 유인되는 것이지요. 특히 나방 종류가 가장 많이 모이는데, 그중에서도 덩치가 큰 나방이 박각시입니다. 커다란 날개로 빙빙거리며 날아가는 모습이 작은 곤충이 아니라 마치 박쥐 같다는 생각이 들기도 해요. 박각시의 박과 박쥐의 박은 의미가 같습니다. 박은 '밝다'라는 뜻으로 밤에 잘 돌아다니는 눈이 밝은 쥐를 박쥐라고 하듯이 박각시 역시 눈이 밝은 곤충의 의미가 있어요. 특히 밤에 흰색 박꽃이 많이 피는데, 그 냄새를 맡고 박각시가 날아옵니다.

또 사람들이 흔히 벌새라고 말하는 경우가 있어요. 벌새는 날아다니면서 꿀을 빠는 아주 조그만 새로 우리나라에는 살지 않아요.

다큐멘터리에 자주 나와서 사람들이 알고 있는 벌새는 아메리카 대륙에 사는 종류입니다. 우리나라에서 벌새라고 말하는 것은 실은 새가 아니고 날아다니면서 꿀을 빠는 박각시예요.

나방 중에서 덩치가 크고 비행능력이 좋은 박각시는 흔히 애벌레인 깨벌레로도 잘 알려져 있어요. 깨벌레 또는 깻망아지라고도 부르는데, 통통하고 굵은 애벌레로 엉덩이 끝에 뾰족한 가시 하나가 뿔이 난 전설 속의 말 유니콘처럼 솟아 있어요. 깨밭에 많이 나온다고 해서 깨벌레라고 불렀습니다. 또 맹충이라고도 하는데, 이 말이 바뀌어 멍청이가 되었다고도 합니다.

박각시는 종류에 따라서 여러 가지 식물을 먹고 사는데, 애벌레 모습은 대개 비슷합니다. 몸에 뱀 눈알무늬가 있는 종류도 있고 건드리면 몸을 움츠리고 '식식' 소리를 내는 애벌레도 있어요. 박각시 애벌레에는 기생벌이 자주 생기기도 해요. 커다란 박각시 애벌레가 어느 날 갑자기 몸에 숭숭 구멍이 뚫리더니 작은 애벌레들이 기어 나와 고치를 만들기 시작합니다. 그러면 박각시 애벌레는 서서히 죽어 가고 대신 고치벌 번데기가 박각시 몸에 잔뜩 붙어 무슨 열매가 매달린 것처럼 보이기도 해요.

박각시는 몸에 특이한 무늬가 있는 종류가 많아요. 뱀눈박각시는 건드리면 갑자기 뒷날개를 펼쳐 빨간 테두리가 있는 검정색 눈알무늬를 보여 주어 천적을 깜짝 놀라게 합니다. 또 탈박각시는 등에 원숭이 얼굴 모양 같은 무늬가 있어 탈을 쓴 것 같다고 탈박각시라고 부릅니다. 영화 〈양들의 침묵〉에는 유명한 해골박각시가 나옵니다. 해골박각시는 탈박각시와 비슷하게 생긴 유럽에 사는 박각시로 역시 등에 사람 얼굴 같은 무늬가 있어서 건드리면 등을 불룩하게 하여 겁을 줘요. 영화에서 박각시는 범인을 잡는 결정적인 증거로 등장해요. 죽은 사람의 몸에서 박각시 번데기가 발견되었고, 살인범의 집에서 박각시가 날아다니는 것을 보고 바로 범인이라는 것을 알 수 있었지요.

먹이를 잔뜩 먹은 박각시 애벌레는 땅속으로 기어 들어가 단단한 번데기가 됩니다. 번데기 될 때가 된 애벌레는 걸음을 잘 걷지 못해요. 여기저기 기어다니다가 어두운 구석에서 그냥 번데기로 변하는 경우도 있어요. 이런 모습을 보면 가끔 왜 맹충이라고 불렀는지 이해가 되기도 합니다.

① **대왕박각시**: 회색의 박각시로 가장 덩치가 커요.
② **머루박각시**: 갈색의 날개와 몸을 갖고 있어요.
③ **녹색박각시**: 몸 색깔이 군복처럼 얼룩덜룩한 녹색을 띠어요.
④ **탈박각시**: 등에 탈을 쓴 사람 얼굴 무늬가 있어요.

매미나방

 곤충강〉나비목〉독나방과 | 날개 편 길이: 수컷 45~60mm, 암컷 60~90mm
볼 수 있는 시기: 여름 | 볼 수 있는 곳: 야산, 공원, 가로수

날개를 붙이고 앉은 모습이 매미와 비슷하다고 해서 매미나방이에요. 그렇지만 사실 대부분의 나방은 매미처럼 날개를 지붕 모양으로 접고 앉습니다. 매미나방은 나방 종류예요. 매미나방 이름을 처음 들어 본 이들은 무슨 매미 종류가 아니냐고 되묻기도 해요. 그렇지만, 커피우유라는 것이 원래는 우유인데, 커피를 살짝 섞은 것과 마찬가지로 매미나방도 원래는 나방인데 매미와 비슷한 점이 있다는 뜻입니다.

서양에서는 매미나방을 집시나방(gypsy moth)이라고 부릅니다. 집시는 유럽의 떠돌이 민족으로 방랑생활을 하며 자유롭게 추는 춤으로 유명하지요. 매미나방의 수컷은 암컷과 달리 크기도 작고 색깔도 전혀 달라요. 짝짓기 시기가 되면 수컷은 암컷의 냄새를 맡고 이

리저리 미친 듯이 날아다니며 가만히 한곳에 숨어 있는 암컷을 찾습니다. 그 모습을 보고 열정적인 집시를 떠올려 집시나방이라는 이름으로 부르게 되었다고 해요.

암컷 매미나방은 멀리 가지 않고 자기가 태어난 곳 근처에 머물러 있습니다. 나방은 보통 야행성이 많지만, 매미나방 수컷은 낮 동안 나비처럼 날아다니며 깃털 모양으로 발달한 더듬이로 암컷이 풍기는 페로몬 냄새를 찾아 돌아다녀요. 암수가 만나면 짝짓기를 하고 암컷은 얼마 후 자기가 붙어 있던 나무줄기나 근처의 담벼락, 건물 벽 구석 같은 곳에 커다란 알 덩어리를 만들어 붙입니다. 한 덩어리 알집에는 약 300개의 알이 들어 있는데, 이때 자기 배를 덮고 있는 털을 뽑아 알을 덮어서 겨울을 무사히 날 수 있도록 처리합니다. 어떻게 보면 모성애가 깊은 나방이라고 할 수 있어요.

가을과 겨울을 지나는 동안 매미나방의 알집은 눈에 잘 띕니다. 누런 털 뭉치처럼 생긴 것이 나무에 붙어 있으면 매미나방의 알집이에요. 이듬해 봄에 알집에서 태어난 애벌레는 못 먹는 식물이 거의 없을 정도로 닥치는 대로 갉아 먹어 산림해충으로 여겨지기도 합니다. 매미나방이 많아지는 것을 방지하기 위해서는 겨울철에 알집을 제거하는 것이 수월합니다.

매미나방의 애벌레는 어른 손가락 굵기의 송충이 모양으로 크게 자라는데, 뾰족한 가시가 몸을 덮고 있는 데다가, 얼굴에는 해골처럼 보이는 무늬가 있어 무시무시해 보여요. 낮에는 구석에 숨어 있다가 밤이 되면 잎사귀를 갉아 먹고 자라지요. 그리고 역시 담벼락이나 나무껍질 틈바구니 같은 데에 숨어서 얼키설키 줄을 치고 굵은 번데기로 변합니다. 그렇지만 많은 기생벌들이 매미나방을 노리기 때문에 제대로 태어나는 비율은 낮습니다. 애벌레나 번데기 때 기생벌들이 몸속에 산란관을 꽂으면 결국 매미나방은 죽고 대신 기생벌들이 태어납니다.

매미나방은 독나방과에 속해요. 독나방 종류는 날개와 몸에 있는 가루가 잘 빠져서 사람 피부에 닿으면 알레르기 반응을 일으킬 수 있어요. 숲에 갔다가 괜히 몸이 가렵거나 따가운 느낌이 들 때가 있는데, 나방의 가루가 몸에 묻었을 가능성이 높아요. 털이 북슬북슬한 나방이나 역시 털이 많이 난 애벌레는 함부로 만지지 않는 것이 안전합니다. 만약 독나방을 발견하고 놀라서 살충제 같은 것을 뿌리면 오히려 나방이 날갯짓을 해 날개가루가 더 빠져 날릴 수 있으므로 젖은 휴지로 감싸서 처리하는 것이 좋습니다.

조금만 더

① **붉은매미나방**: 매미나방과 비슷한데 몸통과 날개에 붉은 기가 있어요.
② **얼룩매미나방**: 매미나방보다 크기가 작고 무늬가 짙어요.
③ **무늬독나방**: 날개는 노란색 바탕에 어두운 무늬가 섞여 있어요.
④ **흰띠독나방**: 검정 바탕에 흰 띠무늬가 있어요.

방아깨비

 곤충강〉메뚜기목〉메뚜기과 | 몸길이: 수컷 45~50mm, 암컷 75~80mm
볼 수 있는 시기: 여름~가을 | 볼 수 있는 곳: 논밭, 공원 풀밭

풀밭을 거닐다 보면 손바닥만큼 커다란 메뚜기가 툭 튀어나오는 일이 있어요. 긴 초록색 몸매에 긴 다리, 뾰족한 머리와 더듬이가 인상적인 곤충이 방아깨비예요. 방아깨비는 이 메뚜기를 잡아 어린이들이 방아 찧는 놀이를 많이 해서 붙은 이름이에요. 그리고 가느다란 다리는 성냥개비처럼 보이기도 하지요.

방아깨비는 가장 큰 메뚜기 종류에 속해요. 이렇게 큰 것은 사실 암컷뿐입니다. 수컷은 암컷의 절반도 되지 않을 만큼 작고 날씬한데, 날아갈 때 '따다다다닥-' 하는 소리를 내기 때문에 흔히 따닥깨비라고 불러요. 우리가 수컷 꿩을 장끼, 암컷 꿩을 까투리라고 구별하는 것처럼 방아깨비도 그냥 방아깨비는 암컷, 수컷 방아깨비는 따닥깨비라고 구별하는 것이지요.

머리: 원뿔형으로 뾰족해요.
더듬이 역시 뾰족한 칼 모양이에요.

다리: 뒷다리는 특히 가늘고 길어요.

가슴: 단단한 상자 모양이에요.

날개: 날개 끝은 뾰족하여 뾰족한 풀잎사귀와 잘 어울립니다.

배: 통통한 원통형이에요.

애벌레가 마지막 허물을 벗을 때 비로소 날개가 길어져요.

작고 날쌘 수컷과 크고 뚱뚱한 암컷이 짝짓기를 해요.

뒷다리를 잡으면 끄덕끄덕 방아를 찧어요.

수컷 방아깨비가 날아가면서 소리를 내는 것은 주의를 끌기 위해서입니다. 풀밭에 가만히 앉아 있으면 어디에 누가 있는지 알기 어렵습니다. 모두가 보호색을 띠고 숨어 있기 때문이지요. 그런데 날아갈 때 다다닥- 소리를 내면 그곳을 쳐다보게 되고 어디로 가는지 관심을 갖게 됩니다. 수컷은 날아다닐 때 앞날개와 뒷날개를 재빨리 서로 맞부딪쳐 그런 소리를 만듭니다.

방아깨비를 잡으면 누구나 방아 찧는 동작을 시켜 보는데, 처음 해 보는 사람들은 방아깨비를 잘못 잡아 흔히 다리 한쪽이 떨어지고 말아요. 손으로 양쪽 다리에 똑같이 힘을 주고 무릎 근처를 잡아야 하는데, 잘못해서 한쪽 다리만 잡게 되면 방아깨비가 달아나기 위해서 붙잡히지 않은 다리로 세게 밀어 붙잡힌 다리를 끊고 달아납니다. 이것은 도마뱀이 자기 꼬리를 끊고 도망가는 것과 마찬가지로 메뚜기가 천적에게 살아남기 위해 쓰는 탈출 방법이에요.

다리가 끊어져 불쌍한 방아깨비를 보면 사람들은 흔히 다리가 다시 나느냐고 묻습니다. 사실 다리가 다시 나는 것은 쉬운 일이 아니에요. 만약 아주 어렸을 때 다리가 떨어지면 허물 벗을 때마다 조금씩 자라 마지막 어른벌레가 되었을 때 거의 온전한 다리가 됩니다. 만약 자라던 중간에 다리가 끊어지면 약간 짧은 다리가 되고 말아요. 가재의 앞다리도 잘 떨어졌다가 다시 나는데, 한쪽은 크고 한쪽은 작은 집게발인 것은 중간에 끊어졌다가 다시 났기 때문이에요. 그런데, 만약 방아깨비 어른벌레의 다리가 끊어졌다면? 어른벌레는 다시 허물을 벗을 일이 없기 때문에 다리가 다시 자라나는 일은 없습니다. 그저 한쪽 다리로 남은 삶을 살고 후손을 남기는 편이 나을 것이라고 보는 것이지요.

　방아깨비는 사는 곳에 따라 여러 가지 색깔이 있어요. 보통 녹색이 가장 흔하지만, 건조하고 메마른 환경에서는 갈색 방아깨비가 나오고, 어떤 경우에는 분홍색 방아깨비가 나오는 일도 있어요. 또 몸에 얼룩덜룩 줄무늬가 있는 경우도 있어요. 겉모습에서 색깔은 다르지만 모두 방아깨비가 환경에 적응하여 다른 색깔을 나타내는 것일 뿐입니다. 사람도 같은 사람이지만 더운 곳에 사는 사람은 주로 까만 피부에 곱슬머리, 추운 곳에 사는 사람은 흰 피부에 연한 머리를 하는 것과 마찬가지입니다.

 조금만 더

① **섬서구메뚜기**: 방아깨비와 비슷하게 생겼지만 훨씬 작아요.
② **딱따기**: 머리가 뾰족한 것이 방아깨비와 비슷하지만, 뒷다리가 짧고 풀에 붙어 위장해요.

대벌레

 곤충강〉대벌레목〉대벌레과 | 몸길이: 70~100mm
볼 수 있는 시기: 여름~가을 | 볼 수 있는 곳: 산지 관목, 참나무 숲

    대나무처럼 생긴 곤충이라 대벌레예요. 움직이지 않으면 잘 보이지 않고 전혀 곤충처럼 보이지 않아요. 그런데 갑자기 건드리면 긴 다리로 기어가거나 뚝 그 자리에서 떨어져 죽은 척합니다. 서양에서는 막대기벌레(stick insect), 또는 걸어 다니는 막대기(walking stick)라는 별명으로 부릅니다.

    대벌레는 위장술의 대가로 태어날 때부터 나뭇가지를 닮았어요. 어른이 되면서 몸 크기는 점점 커지고 길어지지만, 나뭇가지를 닮은 것은 똑같아요. 대벌레가 먹고 사는 것은 나뭇잎, 참나무를 비롯하여 여러 가지 식성에 맞는 넓은 잎사귀를 갉아 먹어요. 주로 낮에는 나뭇잎이나 가지에 붙어 움직이지 않은 채 쉬고 있다가 어두워지는 밤이 오면 잎사귀를 갉아 먹습니다. 지역에 따라 대벌레가 집단으로

관찰해 볼까요?

날개: 애벌레나 어른벌레나 전혀 없어요.

머리: 사각형이고 짧은 더듬이가 있어요.

가슴: 마디가 긴 나뭇가지 모양이에요.

배: 마디가 짧은 나뭇가지 모양이에요.

다리: 길고 날씬해요. 위급하면 잘 끊어져요.

알: 납작한 씨앗처럼 생겼어요.

애벌레: 크기는 작지만 성충처럼 나뭇가지 모양이에요.

발생하는 경우도 있는데, 그러면 식물 잎을 많이 갉아 먹어 해충으로 여겨지기도 해요.

몸이 워낙 길고 가늘어서 힘이 없어 보이는데, 실제로 적이 나타나면 방어할 방법이 많진 않아요. 가장 좋은 것은 나뭇가지로 보이면서 들키지 않는 것인데, 만약 적에게 잡혀서 다리를 붙들리면 다리를 뚝 끊어 버립니다. 대벌레의 다리는 어렸을 때 끊어지면 자라면서 허물을 벗을 때 서서히 다시 길어지는데, 어른벌레가 되었을 때 끊어진 다리는 다시 생기지 않아요. 어른벌레는 더이상 허물을 벗지 않기 때문이에요. 그래서 수명이 다해 죽을 때가 된 대벌레를 보면 다리가 거의 남아 있지 않는 경우도 많아요.

대벌레는 앞다리를 쭉 뻗어 머리에 붙이고 최대한 몸을 길게 만드는데, 특히 잎사귀에 있을 때는 잎맥의 방향에 맞추어 앉아 위장 효과를 높입니다. 날개가 있는 대벌레는 날아서 도망가는 경우도 있지만, 대부분 죽은 척하며 움직이지 않는 것이 적으로부터 몸을 지키는 방법이에요. 대벌레는 지구 위에서 가장 긴 곤충으로 곤충 기네스북에 올라 있어요. 최근에 자그마치 64cm나 되는 긴 대벌레가 중국에서 발견되었다고 합니다.

대벌레는 수컷이 매우 드물어요. 그러면 후손을 어떻게 남길까 궁금할 텐데, 대벌레는 곤충 중에서도 특이하게 짝짓기를 하지 않아도 암컷이 알을 낳을 수 있고 이 알에서 다시 암컷 대벌레가 태어납니다. 이것을 처녀생식이라고 부르는데, 수컷이 없을 때도 번식할 수 있는 특별한 방법이에요. 수컷은 어쩌다가 한 번씩 나타나 짝짓기를 하기도 해요.

　대벌레는 알 낳는 방법 또한 매우 특이합니다. 대부분의 곤충은 자기 알을 잘 보이지 않는 곳에 숨기거나 부모가 직접 애벌레가 태어날 때까지 지키는 경우도 있는데, 대벌레는 그저 여기저기에 알을 뚝뚝 떨어뜨려요. 그것도 마치 똥을 누는 것처럼, 똥과 알이 섞여서 땅바닥에 떨어집니다.

　대벌레 알을 잘 살펴보면 종류별로 모두 특별한 모양을 하고 있는데, 식물의 씨앗이나 작은 열매 같은 모양을 하고 있어요. 땅에 떨어진 알은 그저 흙 속에 묻혀 있다가 이듬해 봄에 부화하는데, 외국에는 알에 개미를 유인하는 성분이 있어서 개미집으로 옮겨져 안전하게 있다가 부화하는 종류도 있다고 해요. 조그만 알에서 기다란 애벌레가 척척 기어나오는 모습은 정말 신기합니다.

 **조금만 더**

① **긴수염대벌레**: 대벌레와 거의 비슷하지만 앞다리 길이만큼 긴 더듬이가 있어요.
② **분홍날개대벌레**: 뒷날개를 펼치면 분홍색 날개가 보여요.
③ **날개대벌레**: 날개가 달린 대벌레예요. 위급하면 날아갈 수 있어요.
④ **자벌레**: 나뭇가지로 위장한 자벌레는 자나방의 애벌레입니다.

고마로브집게벌레

 곤충강〉집게벌레목〉집게벌레과 | 몸길이: 15~20mm
볼 수 있는 시기: 1년 내내 | 볼 수 있는 곳: 야산, 풀밭, 참나무 숲

    고마로브집게벌레는 들이나 산에서 흔히 볼 수 있는 집게벌레의 한 종류예요. '고마로브'는 러시아의 유명한 식물학자 이름인데, 학명에 붙은 라틴어(komarowi) 때문에 우리말 이름에도 들어가게 되었어요. 북한에서는 까만색 다리의 특징을 따서 '검정다리가위벌레'라고도 불러요. 우리나라에서 부르는 집게벌레와 북한에서 부르는 가위벌레 모두 배 끝에 나와 있는 한 쌍의 긴 돌기의 특징에서 붙은 이름이에요. 이 집게는 실제로 오므렸다 폈다 할 수 있어 매우 편리한 도구로 쓰여요.

    집게벌레의 집게는 암컷과 수컷의 모양이 서로 달라요. 수컷의 집게가 보통 더 크고 강하며 이빨 같은 톱니가 더 많이 나 있어요. 집게는 우선 암컷을 차지하기 위해 수컷들끼리 싸울 때 사용해요.

관찰해 볼까요?

머리: 머리는 작고 오각형이에요. 작은 겹눈과 긴 더듬이 한 쌍이 있어요.

가슴: 작은 갈색의 날개가 붙어 있어요.

다리: 모두 검정색이에요.

날개: 앞날개는 갈색으로 작은 덮개 모양이고 뒷날개는 주황색으로 앞날개 밑에 부채처럼 접혀 있어요. 날아갈 때만 활짝 펴져요.

배: 길고 마디가 드러나 있어요. 배 끝에 커다란 집게가 있어요.

애벌레: 날개가 없이 까맣고 집게가 길어요.

우화: 끝방 허물을 벗으면 밝은 황색이에요.

집게벌레 수컷들이 서로 만나면 배를 머리 위로 치켜올려 집게로 위협해요. 한쪽이 물러나지 않으면 집게를 맞부딪치며 공격을 해요. 이때에는 물론 집게가 더 큰 수컷이 유리하겠지요. 그 모습은 사슴벌레가 큰턱으로 싸운다거나 장수풍뎅이가 큰뿔로 싸우는 장면을 닮았어요. 암컷들은 집게가 큰 수컷에게 매력을 더 느끼는 것 같아요.

또 집게는 먹이를 사냥할 때에도 쓰여요. 집게벌레는 꽃가루나 과일을 먹기도 하지만, 잡식성이라 작은 곤충을 잡아먹기도 해요. 작은 애벌레 같은 다른 곤충을 만나면 집게로 꼭 집어서 잡아먹을 수 있어요. 집게를 구부려 쓰는 모습은 배 끝에 독침이 달린 전갈과 비슷해 보여요.

암컷의 집게는 알을 지킬 때에도 쓰여요. 모성애가 깊은 집게벌레는 주로 땅속에 굴을 파고 알을 낳거나 고마로브집게벌레처럼 잎사귀 사이에 집을 만들어 알을 돌봐요. 알에서 애벌레가 태어날 때까지 극진하게 돌보는데, 만약 개미나 다른 알을 해치는 곤충이 다가오면 집게를 이용해서 물리쳐요. 성질이 사나운 집게벌레는 사람이 건드릴 때도 배를 쳐들고 집게를 크게 벌려 위협하기도 하지요. 집게 모양이 가늘고 긴 종류는 사실 물려도 별로 아프지 않지만, 집게가 두껍고 강한 종류는 사람 손가락을 깨물 수도 있으니 조심해야 해요.

집게벌레를 영어로 귀에 들어가 꿈틀대는 벌레(earwig)라고 불러요. 서양에서는 집게벌레가 잠자는 사람의 귀에 들어가 뇌를 파먹고 거기에 알을 낳는다는 무시무시한 미신이 전해져 내려와요. 이 말은 과학적으로 전혀 사실이 아니지만, 사람이 다가가도 겁내지 않고 용감하게 집게를 휘두르는 집게벌레를 보고 겁을 먹은 사람들이 상상력으로 지어 낸 말인 것 같아요.

알을 돌보는 암컷 집게벌레는 먹지도 않고 하루 종일 알 무더기 곁에서 망을 보는데, 혹여나 곰팡이가 생기지 않도록 입으로 깨끗하게 핥아 청결을 유지해요. 동그란 알은 보름이 지나 깨어날 때가 되면 점점 타원형으로 변하는데, 마침내 애벌레들이 태어나면 집게벌레 암컷은 마지막 선물로 자기의 몸을 내주기도 해요. 사실 알을 돌보느라 힘이 다 빠진 암컷은 곧 죽고 마는데, 갓 태어난 애벌레들은 어미의 몸을 먹고 자라는 것이지요. 사람의 눈으로 보면 비정해 보이기도 하고 또 한편으로는 어미의 사랑이 한없이 커 보이기도 해요. 자연 속에는 사람의 기준으로 비교할 수 없는 많은 이야기들이 있어요.

 **조금만 더**

① **못뽑이집게벌레**: 수컷의 집게는 못을 뽑을 때 쓰는 장도리 날처럼 크게 발달했어요.
② **좀집게벌레**: 크기가 좀 작고 숲속에 흔해요. 작은 날개가 있어요.
③ **큰집게벌레**: 바닷가나 모래땅 바닥에 주로 살아요. 집게가 크고 성질도 아주 사나워요.
④ **민집게벌레**: 몸은 검정색이고 날개가 전혀 없어요. 바닷가에 주로 살지만 사람이 사는 집 안에 들어오는 경우도 있어요.

노랑쐐기나방

 곤충강〉 나비목〉 쐐기나방과 | 날개 편 길이: 24~35mm
볼 수 있는 시기: 번데기 가을~겨울, 성충 봄~여름 | 볼 수 있는 곳: 야산, 공원, 과수원

　낙엽이 다 떨어지고 가을과 겨울이 지나는 사이, 나뭇가지에는 동그란 알처럼 보이는 물체가 자주 보여요. 식물은 아닌 것 같고 알록달록한 무늬가 있어서 무슨 특별한 고치 같은데, 만져 보면 아주 딱딱합니다. 이것이 노랑쐐기나방의 겨우살이 고치입니다.

　노랑쐐기나방은 어른벌레인 나방보다 애벌레인 쐐기와 번데기가 들어 있는 동그란 알 모양의 고치로 더 유명합니다. 쐐기나방의 애벌레를 쐐기라고 하지요. 쐐기는 쏘는 벌레라는 뜻인데, 애벌레 몸에 삐죽삐죽 날카로운 가시가 나 있어 얼핏 봐도 무섭고 위험해 보여요. 쐐기는 집 안마당에 자주 심는 대추나무, 감나무 같은 과실수의 잎사귀를 갉아 먹고 잎사귀에 몰래 붙어 있는 경우가 많아요. 쐐기가 붙어 있는 것을 잘 모르고 잎사귀를 만지거나 팔뚝이 스

치거나 하면 쐐기에게 쏘여요. 맨살에 쐐기에게 쏘이면 매우 아픕니다. 톡 쏘는 느낌과 함께 쏘인 곳이 붓고 따가운 느낌이 30분 정도 계속돼요. 쐐기 몸에 난 가시가 피부를 찌를 때 독샘에서 독이 분비되어 자극을 일으키는 것이에요. 마치 주사기에 찔린 것 같아요. 따라서 쐐기를 보면 가능한 한 멀리하고 맨손으로 만지면 안 됩니다. 식물 중에도 쐐기풀이 있는데, 잎사귀 가장자리와 줄기에 쐐기의 독침 같은 가시가 나 있어 사람이 모르고 만지거나 잘못 스치면 가시에 찔려 매우 아파요.

쐐기처럼 몸에 가시가 많이 나 있는 애벌레들은 부드러운 몸을 털과 가시로 보호하는 방법을 씁니다. 이런 털들은 잘 빠지거나 부러지는데, 사람 피부에 박히면 심한 가려움증과 알레르기를 일으켜 피부가 벌겋게 붓습니다. 쐐기에 쏘이면 독액이 주입되어 따끔하고 어느 정도 시간이 지나면 쏘인 곳이 금방 가라앉지만, 털이 빠지면서 피부에 박히는 종류는 오랫동안 가려움증을 일으켜 더 괴롭습니다. 특히 독나방 종류의 애벌레와 어른벌레는 모두 털이 잘 빠지고 사람 피부에 알레르기를 오랫동안 일으킬 수 있기 때문에 건드리지 않는 것이 좋아요.

만약 독나방 가루가 묻어 피부가 가려우면 손으로 긁거나 문지르지 말고 재빨리 흐르는 물에 씻어 주세요. 손으로 계속 긁으면 털이 피부 속으로 더욱 깊이 박혀 오랫동안 피 속을 떠돌아다니므로 한 달씩 빨갛게 부은 곳이 없어지지 않아요. 이럴 때는 병원 피부과 처방을 받는 것이 좋습니다.

애벌레인 쐐기는 여름철에 잘 보여요. 주로 잎사귀 뒷면에 붙어 있어 사람 눈에 잘 보이지 않아요. 그러다가 가을이 되면 갈색의 나뭇가지로 이동하여 눈에 잘 보입니다. 이제 번데기가 될 준비를 하는 것이에요. 노랑쐐기나방 애벌레는 갈라진 나뭇가지 사이에 자리를 잡고 실을 내어 단단한 고치를 만들어요. 겨울을 나기 위해 매우 단단하고 보온이 잘되는 고치를 지어요. 그런데 나방이 되어 나올 때를 대비하여 고치의 뚜껑 쪽을 미리 만들어 둡니다. 고치 안에서는 독가시가 없어지고 연한 번데기 상태로 겨울을 납니다.

겨울을 무사히 지내고 봄이 오면 고치 안에서 기다리던 쐐기나방이 모습을 갖추고 나올 채비를 합니다. 어느 날 갑자기 미리 준비해 둔 뚜껑이 동그랗게 열리면서 번데기의 껍질을 벗은 노란색 나방이 나와요.

조금만 더

① **극동쐐기나방 애벌레**: 몸은 녹색이고 가운데로 흰색 세로줄무늬가 있어요.
② **검은푸른쐐기나방 애벌레**: 독가시가 검정색을 띠고 파란색 무늬가 있어요.
③ **뒷검은푸른쐐기나방 애벌레**: 독가시가 많이 나 있고 몸통 중심으로 초록색 무늬가 있어요.
④ **흑색무늬쐐기나방 애벌레**: 연두색 바탕에 붉은 가시가 있어요.

각시메뚜기

 곤충강 > 메뚜기목 > 메뚜기과 | 몸길이: 40~50mm
볼 수 있는 시기: 1년 내내 | 볼 수 있는 곳: 평지 풀밭, 무덤가

한겨울에 커다란 메뚜기가 돌아다닌다면? 대부분의 사람들은 깜짝 놀랄 거예요. 실제로 우리나라 남부지방에는 한겨울에도 어른 메뚜기가 살고 있습니다. 특히 제주도와 남부 해안가, 그리고 위로는 충청남도까지도 이 메뚜기가 분포하는데, 이것을 처음 본 사람들은 매우 신기해하며 물어 보곤 합니다. 그 주인공은 성충 메뚜기가 월동하는 것으로 유명한 각시메뚜기예요.

대부분의 메뚜기는 땅속에 알을 낳고 겨울이 오기 전에 죽지만, 추위에 잘 견디는 각시메뚜기는 마른 풀밭에서 꿋꿋이 버티고 있습니다. 추위도 문제지만, 먹을 것이 없는 것도 큰 문제겠지요. 그런데 각시메뚜기는 겨울 동안 거의 먹지 않고도 몇 개월을 버티는 능력이 있습니다. 너무 추울 때는 풀숲에 처박혀 나오지 않지만, 날이 풀

관찰해 볼까요?

머리: 둥글고 아래로 길쭉해요. 겹눈 밑으로 세로줄무늬가 있어요.

가슴: 단단한 안장 모양이에요.

다리: 뒷다리는 특히 굵고 튼튼해요.

배: 원통형으로 마디로 이루어져 있어요.

날개: 배 끝과 뒷무릎 끝을 훌쩍 넘어 길어요.

어린 애벌레: 몸에 작은 반점이 많아요.

탈피: 거꾸로 매달려 허물을 벗으며 자라요.

다 자란 애벌레: 작은 날개가 배를 절반쯤 덮고 있어요.

리면 강가 풀밭 등을 날아다녀 사람들이 깜짝 놀라곤 합니다. 원래부터 우리나라에서 서식하던 종류인데, 사람들은 기후변화 같은 이상 현상으로 한겨울에 메뚜기가 나온다고 생각하는 것 같아요.

각시메뚜기는 등줄메뚜기라고도 부릅니다. 각시메뚜기라는 이름은 얼굴의 겹눈 밑으로 세로줄무늬가 있어서 시집가는 색시가 우는 것 같다고 하여 붙여진 이름이지요. 한편 등줄메뚜기는 몸을 윗면에서 보면 밝은색 긴 세로줄무늬가 일자로 있어 붙은 이름이에요. 또 땅메뚜기, 흙메뚜기, 송장메뚜기라는 별명도 있습니다.

아마 우리나라 사람들이 가장 잘 아는 메뚜기 이름이 송장메뚜기일 거예요. 그런데 송장메뚜기가 어떤 종류인지 궁금해서 도서관에 가서 도감을 빌려 찾아보면 전혀 나오지 않습니다. 이게 어찌 된 일일까요? 실제 송장메뚜기는 어떤 특별한 종류의 메뚜기를 가리키는 이름이 아니에요. 그냥 무덤가에 살면서 갈색으로 칙칙하게 생긴 메뚜기, 잡으면 시커먼 물을 토하는 메뚜기를 송장메뚜기라고 불렀습니다. 각시메뚜기 역시 갈색의 메뚜기이기 때문에 송장메뚜기라고도 불렀던 것 같아요. 사람들은 초록색의 메뚜기는 해롭지 않아 잡아먹으면서 송장메뚜기는 불길하다고 먹지 않았습니다. 사실 많은 메뚜기가 두 가지 색깔을 갖는다는 것을 모르고 있습니다.

메뚜기를 잡았을 때 대부분은 입에서 시커먼 물을 게워 냅니다. 이것은 위에서 토해 낸 먹이를 먹던 소화액인데, 독이 있거나 해로운 것은 아니지만, 냄새가 지독하고 불결한 느낌이 들게 하기 때문에 잡았던 메뚜기를 다시 놓아주도록 하는 효과가 있습니다. 사람들이 무덤가에서 이런 메뚜기를 만나면 아마도 죽은 송장이 살아난 것 같은 느낌이 들었을 것 같아요.

각시메뚜기는 지난가을에 어른벌레로 우화하여 겨울을 납니다. 몸속에 충분한 먹이를 먹고 에너지를 저장하여 겨울을 나는데, 봄이 다시 오면 각시메뚜기는 뒷날개가 붉은색으로 변합니다. 이제 짝짓기를 할 때가 되었다는 표시이지요. 각시메뚜기는 날개가 잘 발달하여 멀리까지 날아다닐 뿐만 아니라 뒷다리도 매우 강인해요. 잘못 잡으면 뒷다리를 마구 차는데, 센 가시가 돋아 있어 아프게 찌를 수도 있습니다.

각시메뚜기는 중부지방에는 드물고 남쪽으로 내려갈수록 자주 보여요. 제주도에는 더 많은 각시메뚜기가 살고 있어요.

 조금만 더

① **등검은메뚜기**: 등 가운데가 짙은 흑갈색이에요.
② **땅딸보메뚜기**: 몸이 짜리몽땅하니 굵고 짧아요.
③ **참어리삽사리**: 수컷은 날개폭이 넓고 끝은 검어요. 울음소리를 잘 내요.
④ **청분홍메뚜기**: 뒷다리 종아리마디에 청색, 빨간색, 흰색 무늬가 있어요.

묵은실잠자리

곤충강 > 잠자리목 > 실잠자리과 | 몸길이: 35mm 내외
볼 수 있는 시기: 1년 내내 | 볼 수 있는 곳: 연못, 저수지, 논

 흰 눈이 내린 겨울에 곤충들은 다 어디로 갔을까요? 대부분 곤충은 알이나 번데기로 조용히 쉬면서 겨울을 나지만, 어른벌레인 채로 겨울을 나는 잠자리가 바로 묵은실잠자리예요. 겨울을 나기 때문에 1년을 묵는다는 뜻으로 묵은실잠자리라고 불러요.

 잠자리는 크게 두 가지로 구별하는데, 잠자리와 실잠자리가 있어요. 잠자리는 우리가 보통 잘 알고 있는, 크기가 크고 날개를 펴고 앉는 잠자리예요. 실잠자리는 몸이 작고 가늘며 날개를 접고 앉는 잠자리이고요. '실' 자가 붙으면 가늘고 약하다는 뜻이 들어가 잠자리치고는 약하고 가늘다는 뜻이 되는 것이지요.

 묵은실잠자리는 지난가을 물속 애벌레가 물 밖으로 올라와 어른벌레인 잠자리가 되어 겨울을 납니다. 겨울이지만 따뜻한 날이 며칠

관찰해 볼까요?

가슴: 사선으로 짙은 갈색무늬가 있어요.

머리: 양쪽으로 볼록한 겹눈 한 쌍이 있고 더듬이는 매우 짧아요.

날개: 앞뒷날개 크기가 똑같고 앉을 때는 배 위에 접고 앉아요.

배: 긴 나무막대기 모양이에요.

다리: 가늘고 가시털이 나 있어요.

수컷

짝짓기: 겨울을 나고 봄에 짝짓기해요. 앞이 수컷, 뒤가 암컷이에요.

암컷

간 계속 이어지면 물가 근처 야산에서 묵은실잠자리가 살살 날아다니는 것을 볼 수 있어요. 갈색이면서 기다란 묵은실잠자리의 몸매는 마른 나뭇가지와 거의 똑같아 보이기 때문에 움직이지 않으면 찾기가 매우 어려워요. 보통 이런 자세로 겨울 동안 추운 날씨에는 꼼짝하지 않고 붙어 있습니다.

이듬해 봄이 와 날이 풀리면 묵은실잠자리는 물가로 돌아가 짝짓기를 합니다. 잠자리 두 마리가 붙어 있는 것을 보통 쌍잠자리라고 부르는데, 위에 있는 것이 수컷이고 아래에 있는 것이 암컷입니다. 묵은실잠자리가 길게 연결된 채로 날아다니는 것을 보면 마치 부러진 나뭇가지가 공중에 떠 있는 것 같아요. 다른 곤충들과 달리 잠자리의 짝짓기 자세는 매우 특이합니다. 수컷의 배가 암컷의 목덜미를 잡고 있기 때문이지요. 어떻게 저런 자세로 짝짓기가 이루어지는지 묻는 사람들이 많이 있어요. 사실 수컷 잠자리의 생식기는 배 첫째마디에 있습니다. 배 끝은 그저 암컷을 붙잡는 역할을 하는 것이고, 잠시 더 지켜보면 암컷이 자기 배를 구부려 수컷의 배 첫째마디에 붙이는 것을 볼 수 있어요. 이때의 자세가 마치 하트 모양을 닮아서 사람들이 카메라로 많이 담아요.

짝짓기가 끝난 다음에도 암컷과 수컷은 같이 매달려 있는 경우가 많아요. 암컷은 수컷이 누구냐 상관없이 짝짓기를 하기 때문에 수컷은 자기 유전자를 지키기 위해 암컷이 알을 낳을 때까지 붙잡고 다니는 것입니다. 암컷은 주로 물 위에 떠 있는 식물에 산란관을 찔러 알을 낳습니다. 여기서 태어난 애벌레는 작은 잠자리 애벌레

수채가 됩니다.

실잠자리의 애벌레는 잠자리의 애벌레와 모습에 차이가 있어요. 보통 잠자리 애벌레들은 몸통이 굵고 배 끝에 별다른 장식물이 없는데, 실잠자리 애벌레는 어른 잠자리와 마찬가지로 가늘고 긴 몸매에 배 끝에는 3개의 기다란 꼬리아가미가 붙어 있습니다. 길고 넓적한 꼬리아가미는 실잠자리 애벌레가 물속에서 숨을 쉬는 데 도움을 줘요.

모든 잠자리와 마찬가지로 묵은실잠자리는 물가를 날아다니며 작은 깔따구나 모기, 하루살이, 매미충 등을 잡아먹는 익충이에요. 묵은실잠자리는 다른 잠자리들에 비해 수명이 길기 때문에 거의 1년 내내 보이는 잠자리라고 할 수 있어요. 묵은실잠자리 이외에 가는실잠자리라고 부르는 종류 역시 어른벌레인 잠자리로 겨울을 나는 대표적인 잠자리입니다.

 조금만 더

① **아시아실잠자리**: 가장 흔한 실잠자리예요. 수컷은 배 끝이 파란색이에요.
② **가는실잠자리**: 묵은실잠자리처럼 겨울을 나는 실잠자리예요. 봄이 오면 파란색으로 색깔이 바뀌어요.
③ **방울실잠자리**: 수컷은 둘째, 셋째 다리에 하얀 방울 모양의 장식품이 달려 있어요.
④ **노란실잠자리**: 눈은 초록색이고 배는 노란색이에요.

멋쟁이딱정벌레 | 밤에 활동하는 육식성 곤충
큰그물강도래 | 1급수 물에서 사는 애벌레
물장군 | 부성애가 강한 멸종위기 곤충
비단벌레 | 화려한 빛깔을 한 천연기념물
초파리 | 유전학을 발전시킨 곤충
밑들이 | 환경지표종의 대표 주자
숲모기 | 숲속에 사는 모기
집파리 | 인가에서 가장 흔한 곤충
파리매 | 파리를 잡아먹는 파리
끝검은말매미충 | 숲에서 가장 흔히 볼 수 있는 곤충
꼽등이 | 집 안에서도 사는 청소부 곤충
집바퀴 | 생존력 최강인 곤충
좀 | 생김새가 원시적인 실내 곤충
네발나비 | 도시에 흔한 주황색 나비
애집개미 | 전 세계에 사는 실내 곤충

5

희귀하거나, 친숙하거나⋯ 아주 적거나 아주 많은 곤충

멋쟁이딱정벌레

 곤충강 > 딱정벌레목 > 딱정벌레과 | 몸길이: 30~40mm
볼 수 있는 시기: 1년 내내 | 볼 수 있는 곳: 산지, 들판

　멋쟁이딱정벌레는 딱정벌레의 한 종류예요. 빨갛거나 파란, 또는 녹색 광택이 도는 멋진 색깔 때문에 멋쟁이라는 이름이 붙었어요. 예전에 부르던 이름은 양코스키딱정벌레였어요. 양코스키는 러시아 사람의 이름인데, 일제강점기 시절에 북한에 들어와 곤충표본을 채집해서 판매하던 유명한 상인이었어요. 이 딱정벌레의 학명 (*jankowskii*)에 처음 채집한 사람의 이름이 붙어 있지만, 우리말 이름으로는 기념할 만한 정보가 아니어서 나중에 멋쟁이딱정벌레라는 이름으로 바뀐 것이에요.
　딱정벌레는 몸이 단단한 곤충을 통틀어 일컫는 말로 보통 갑충(甲蟲)이라고도 불러요. 무당벌레나 장수풍뎅이처럼 몸이 둥글고 앞날개가 단단하여 배를 덮고 있다가 날아갈 때에만 뒷날개를 펴는

곤충 무리를 흔히 딱정벌레라고 말하고, 여기에는 풍뎅이나 사슴벌레를 포함하여 매우 많은 종류가 속해요. 그중에서도 특히 밤중에 땅바닥을 기어다니는 종류를 '딱정벌레과'라고 불러요. 이들이 딱정벌레 중에서도 진짜 딱정벌레에 속하는 곤충입니다. 중국에서는 보행충(步行蟲)이라고 부르는데, 그 말은 잘 기어다닌다는 뜻이 있지요. 또 서양에서는 땅을 돌아다니는 딱정벌레(ground beetle)라고 불러요. 우리나라에는 약 40종의 딱정벌레과 곤충이 있는데, 멋쟁이딱정벌레는 그중에서 가장 흔한 편이에요.

멋쟁이딱정벌레를 비롯하여 많은 종류의 딱정벌레가 땅바닥을 잘 기어다니기는 하는데, 전혀 날지를 못해요. 뒷날개가 퇴화하여 없기 때문이에요. 딱정벌레의 단단한 앞날개를 특별히 딱지날개라고 부르는데, 딱지날개는 부드러운 배를 덮어 몸을 보호하는 역할을 할 뿐 날아다니는 역할을 하지는 못해요. 날기 위해서는 뒷날개가 반드시 필요한데, 딱정벌레는 뒷날개가 없기 때문에 날 수가 없는 것이에요.

딱정벌레는 육식성 곤충이라 돌아다니면서 작은 곤충을 잡아먹거나 죽은 지렁이 등 사체에 모이는 일이 많아요. 큰턱이 강하게 발달해서 잘못 잡으면 손가락을 깨물 수 있으니 주의해야 해요. 또한 폭탄먼지벌레나 다른 먼지벌레들처럼 배에서 악취가 나는 물질을 내뿜어 천적을 괴롭혀요. 그렇지만 두꺼비처럼 먹성이 좋은 천적은 딱정벌레를 곧잘 잡아먹어요. 한번은 두꺼비의 배설물을 직접 본 적이 있는데, 딱정벌레가 주로 잡아먹혔는지, 똥 속에 딱정벌레의 반짝거리는 딱지날개가 잔뜩 나와 있었어요. 딱지날개는 가장 단단하기 때문에 소화되지 않고 그대로 나온 것인데, 마치 손톱을 예쁘게 다듬어 만든 장식품 같아 보였어요.

밤에 길 위를 돌아다니는 딱정벌레는 차에 깔려 죽는 일이 많아요. 도로에 사체 냄새를 맡고 나왔다가 다시 차에 깔리는 것이지요. 큰 동물이 차에 치여 죽으면 사람들은 불쌍하다고 말하지만, 작은 곤충이 깔려 죽는 일에는 별로 신경 쓰지 않는 것 같아요. 곤충도 억울하게 죽으면 다른 동물들처럼 로드킬당한 것이나 마찬가지인데 말이지요. 사람들은 종류를 잘 구별하지 못하고 그저 시커먼 벌레가 지나가면 바퀴벌레라고 생각하고 밟아 죽이는 일이 많아요. 그러나 딱정벌레 중에는 멋조롱박딱정벌레처럼 우리나라 멸종위기종으로 지정된 희귀한 곤충도 있어요.

① **홍단딱정벌레**: 멋쟁이딱정벌레와 비슷하지만 딱지날개의 점줄이 더 굵어요.
② **우리딱정벌레**: 우리나라에만 사는 고유종 딱정벌레예요.
③ **멋조롱박딱정벌레**: 허리가 잘록한 조롱박 모양이에요. 멸종위기종으로 지정되어 있어요.
④ **풀색명주딱정벌레**: 딱지날개에 연한 초록색 광택이 나요. 낮에 나무 위를 돌아다니는 딱정벌레예요.

큰그물강도래

 곤충강〉 강도래목〉 큰그물강도래과 | 몸길이: 50mm 내외
볼 수 있는 시기: 봄~여름 | 볼 수 있는 곳: 계곡, 하천

 봄이 오는 따뜻한 계곡에 가면 이미 많은 곤충들이 나와 볕을 쬐고 있어요. 따뜻한 햇볕이 곤충이 살기 좋도록 체온을 높여 주기 때문이에요. 하루살이나 잠자리, 날도래처럼 애벌레 시절에는 물속에 살다가 어른벌레가 되면 물 밖으로 나오는 종류로 강도래가 있어요. 강도래는 서양에서 돌 위에 앉아 있는 벌레(stone fly)라는 별명으로 불러요. 실제 강도래는 물가 근처 계곡의 해가 잘 드는 바위나 돌에 잘 붙어 있습니다. 우리말 강도래는 무슨 뜻인지 잘 알려져 있지 않지만, 날도래와 비슷한데 다른 종류라는 뜻이 있다고 추측할 수 있어요.

 강도래 중에서 우리나라에 사는 가장 큰 종류로 큰그물강도래가 있습니다. 몸길이가 5cm나 되고 커다란 날개가 있는데, 그물 모

양으로 날개맥이 잘 발달하여 큰그물강도래라고 부릅니다. 강도래는 대부분 산소가 많이 녹아 있는 맑은 계곡의 1급수 물에 살아요. 특히 큰그물강도래는 설악산이나 지리산 같은 큰 산의 깊은 계곡에 살고 있어요. 청정지역에만 나타나기 때문에 수질 오염 상태를 알려 주는 곤충으로 지정되어 있어요. 강도래 애벌레를 어항에서 키우다 보면 산소가 부족해지는 경우가 있는데, 그럴 때는 애벌레가 팔굽혀 펴기를 하듯 몸을 세웠다 눕혔다 하며 물살을 일으켜 산소를 섭취하는 습성이 있어요.

큰그물강도래는 물속에서 2~3년씩 애벌레 시절을 보내요. 물고기를 잡기 위해 족대로 건지다 보면 계곡물에서 커다란 강도래의 애벌레가 대신 걸리곤 합니다. 강도래 애벌레는 찬물 계곡에 사는 물고기들이 주로 잡아먹는 먹이일 뿐만 아니라 사람들이 물고기를 잡을 때 낚시 미끼로 대신 쓰기도 합니다.

강도래 애벌레는 하루살이 애벌레와 닮은 점이 많아요. 그렇지만 하루살이 애벌레는 배마디에 옆으로 깃털 모양의 아가미가 나 있는 반면, 강도래 애벌레는 엉덩이 쪽 꼬리 끝에 술 모양의 아가미가 있거나 가슴 아래쪽에 아가미가 있어요. 강도래는 하루살이처럼 돌 밑에 가만히 붙어만 있지 않고 오히려 여기저기 돌아다니며 하루살이 애벌레 같은 것을 잡아먹고 살아요. 애벌레들이 어른벌레로 변할 무렵이면 물가로 한두 마리씩 계속 기어 나와 허물을 벗습니다. 애벌레의 등에 있던 날개싹에서 긴 날개가 자라 마침내 날 수 있는 어른 강도래가 됩니다.

돌 위에 붙어 있는 강도래는 날개에 비해 그다지 잘 날지는 못합니다. 멀리까지 가지 못하고 가까운 곳에 다시 금방 내려앉아요. 날도래나 하루살이처럼 어른벌레가 되면 입이 퇴화하여 별다른 먹이를 먹지 않습니다. 그저 번식을 준비하는데, 암수가 만나면 배를 S자로 심하게 꼬아서 짝짓기를 합니다. 강도래 중에는 자기 짝을 찾기 위해 배를 바닥에 두드리는 종류가 있어요. 작은 통 안에 강도래 성충을 넣어 두고 기다리면 '두르르륵' 하면서 배를 바닥에 부딪쳐 소리를 내는 것을 들을 수 있습니다. 어딘가 멀리 떨어져 있는 같은 종류를 부르는 소리로 저마다 특색이 있어 통신수단으로 이용한다고 해요.

 **조금만 더**

① **무늬강도래**: 몸통은 대부분 검정색이고 날개 가장자리만 밝은색이에요.
② **민날개강도래**: 어른 강도래가 되어도 전혀 날개가 자라지 않아요.
③ **총채민강도래**: 이른 봄에 나타나는 작고 까만 강도래예요.
④ **한국강도래**: 밝은 황색으로 우리나라에만 사는 고유종이에요.

물장군

 곤충강〉 노린재목〉 물장군과 | 몸길이: 50~65mm
볼 수 있는 시기: 1년 내내 | 볼 수 있는 곳: 연못, 저수지

　물에 사는 곤충 중에서 가장 크고 힘이 대단하기 때문에 물장군이라고 불러요. 장군은 군대 계급 중에서 별을 달고 있는 가장 높은 위치를 말하지요. 물장군이 뜨면 아마도 모든 물속 곤충들이 벌벌 떨기 때문에 이런 이름이 붙은 것 같아요. 또 물찍게라는 말도 써요. 앞다리로 먹이를 꾹 찍어 잡는 모습을 본뜬 말이지요.

　물장군은 예전에 논이 많던 시절, 그리 어렵지 않게 볼 수 있던 곤충이었어요. 물속에 몸을 가만히 잠그고 있다가 먹잇감이 지나가는 물결이 진동으로 느껴지면 힘센 앞다리로 꽉 붙들어 주둥이로 찔러 체액을 빨아 먹습니다. 작은 올챙이나 잠자리 애벌레는 물론 커다란 개구리와 작은 붕어까지도 물장군의 식단에 오르곤 했어요. 물장군의 주둥이에서는 먹이를 소화시키는 소화액이 침과 함께 나와 먹이

의 몸속을 녹이고 그것을 주스 마시듯 쭉쭉 빨아서 마셔요.

그런데 요즘은 물장군을 보기가 어려워요. 논이 줄어든 이유도 있겠고 대부분의 큰 곤충들이 그런 것처럼 몸이 크고 눈에 잘 띄다 보니, 사람의 간섭을 많이 받게 되어 수가 줄어들었습니다. 지금 우리나라에서 물장군은 멸종위기 곤충으로 보호받고 있어요. 그렇지만 동남아시아 같은 나라에서는 물장군이 아직까지 흔하기 때문에 튀겨서 곤충 요리를 해 먹기도 합니다. 물장군은 물에 사는 노린재의 일종이기 때문에 특별한 냄새를 내는데, 마치 바나나 향과 비슷하면서 크기가 크기 때문에 먹을 만하다고 해요.

몸집이 커서 둔할 것 같지만, 물장군은 잘 날 수 있어요. 물장군이 사는 물가 근처의 등불이 켜진 곳에 밤에 가면 커다란 물장군이 떨어져 있는 것을 가끔 발견할 수 있어요. 특히 번식기에는 멀리까지 짝을 찾아, 그리고 새로운 번식지를 찾아 날아가는데, 사람들 눈에 잘 띄는 곳이나 주거단지에 가면 재수 없이 사람에게 잡혀 죽는 일이 많아요. 아직도 우리나라 사람들 중에는 보호해야 하는 곤충이 있다는 것을 잘 모르는 사람들이 있어요.

물장군은 자식을 돌보는 부성애의 곤충으로도 유명합니다. 물장군과 비슷한 물자라의 경우, 암컷이 수컷 등에 알을 낳으면 수컷이 애벌레들이 태어날 때까지 알을 등에 업고 안전하게 돌보는 것으로 잘 알려져 있지요. 물장군은 알을 등에 업고 다니지는 않지만, 애벌레들이 태어날 때까지 수컷이 알을 돌봅니다. 물장군은 암수가 짝짓기를 하고 나면 암컷이 물 밖으로 삐죽 튀어나온 굵은 나뭇가지 같은 곳에 알을 낳아 붙여요. 암컷은 알을 낳고 그냥 떠나 버리지만, 수컷은 알이 부화할 때까지 알을 지킵니다.

특히 다른 암컷들을 조심해야 하는데, 수컷이 알을 지킨다는 것을 잘 아는 암컷들은 수컷 몰래 자기 알을 낳고 가려고 합니다. 알만 낳고 가면 좋으련만, 이미 낳아 놓은 다른 암컷의 알을 떼어 버리고 망쳐 버리기 때문이지요. 이것을 막기 위해 수컷은 항상 알이 붙은 나뭇가지를 철통같이 지킵니다. 또한 너무 건조하면 알이 말라 죽어 버리기 때문에 수시로 물속에 들어가 물을 묻혀 알을 적셔 놓기까지 합니다. 물자라와 마찬가지로 물장군도 새끼를 돌보는 아버지의 사랑이 대단한 곤충이라고 할 수 있습니다.

 **조금만 더**

① **물자라**: 자라는 거북이와 비슷한 종류인데, 물자라는 곤충이에요. 수컷이 등에 알을 업고 다니기 때문에 알지기라고도 불러요.
② **장구애비**: 몸은 물에 빠져 썩은 버들잎사귀처럼 길고 배 끝에 긴 숨관이 있어요. 앞다리 모습이 장구 치는 사람 같아 보여 붙은 이름이에요.
③ **메추리장구애비**: 장구애비와 매우 비슷하지만 크기가 작고 숨관이 짧아요.
④ **게아재비**: 몸은 아주 길고 날씬해요. 사마귀를 닮았다고 물사마귀라고도 불러요.

비단벌레

 곤충강〉딱정벌레목〉비단벌레과 | 몸길이: 30~40mm
볼 수 있는 시기: 여름 | 볼 수 있는 곳: 평지 야산

    번쩍번쩍 빛나는 곤충이 있어요. 이름만 들어도 아름다울 것 같은 비단벌레예요. 비단벌레는 길쭉한 몸에 초록색 광택이 번쩍거리고 빨간 세로줄무늬가 한 쌍 나 있어요. 서양에서는 비단벌레를 보석 딱정벌레(jewel beetle)라는 별명으로 불러요. 중국과 일본에서는 옥충(玉蟲)이라고 부르는데, 옥은 예전부터 고급 장신구로 쓰이던 광물의 일종이에요. 우리나라에서 비단은 예전부터 가장 화려한 옷감의 한 종류였어요. 누에의 고치로부터 자아낸 명주실을 엮어 만든 옷감이 비단이지요. 비단은 매끄럽고 감촉이 좋은 고급 의복이었기 때문에 화려한 색깔로 만들어 높은 신분을 상징하기도 했어요. 비단벌레의 화려한 색깔은 이름에 걸맞아요.

    비단벌레는 경주에 있는 신라시대 무덤 천마총에서 발굴된 화려

한 말안장 장식품에 쓰인 것으로 유명하지요. 비단벌레는 딱정벌레의 일종으로 딱지날개가 매우 단단하여 오래된 무덤에서도 썩지 않고 그대로 발견되었어요. 비단벌레의 딱지날개를 깔아 만든 말안장은 찬란한 빛을 발하는데, 아무나 그런 것을 사용할 수 없었기 때문에 높은 신분을 상징했어요. 아마 비단벌레는 그 당시에도 매우 희귀한 곤충이었던 것 같아요. 비단벌레는 우리나라에서 쉽게 보기 힘든 곤충으로 현재 멸종위기종으로 보호되고 있어요. 또한 천연기념물 496호로 지정되었어요.

우리나라 남부지방에 드물게 비단벌레가 살고 있어요. 오래된 느티나무나 느릅나무 주변에 살고 있는데, 해가 쨍하고 드는 날, 하늘 높이 날아올라 자기 몸을 번쩍거리며 짝짓기할 상대를 찾습니다. 금속광택이 나는 몸은 햇볕을 반사시켜 화려한 느낌으로 시각적인 신호를 보낼 수 있을 뿐만 아니라, 몸의 온도가 높이 올라가는 것을 막아 줍니다. 암컷은 나무껍질에 알을 낳고 애벌레는 나무속을 파먹으면서 자랍니다. 따라서 비단벌레가 살려면 오래된 나무가 잘 보존되어야만 해요.

비단벌레는 특히 나무에서 풍기는 특별한 냄새를 맡는 능력이 있습니다. 나무를 잘라 놓으면 특이한 나무 냄새가 나지요. 이런 곳에 가만히 기다리면 비단벌레가 날아오는 것을 볼 수 있어요. 자기가 좋아하는 나무에 따라 다른 종류의 비단벌레가 찾아와요. 외국에는 산불이 난 곳에 가장 먼저 찾아오는 곤충으로 비단벌레가 알려져 있습니다. 이들은 물체가 타는 냄새를 잘 맡을 수 있는 특별한 기관이 있어요. 우리나라에서도 죽어 가는 나무를 살펴보면 비단벌레가 알을 낳으려고 날아오는 것을 발견할 수 있어요.

비단벌레는 화려한 색깔 때문에 많은 곤충 수집가들이 탐내는 곤충이 되었습니다. 곤충을 그냥 좋아하는 것이 아니라, 꼭 잡아서 표본으로 만들어 간직하고 싶은 사람들이 많아지고 있어요. 그러나 우리나라의 비단벌레는 분명히 보호곤충으로 지정되어 있기 때문에 아무나 붙잡아서 죽이거나 표본을 만들면 안 됩니다. 아름다운 곤충일수록 우리 땅에서 오랫동안 여러 사람들이 볼 수 있도록 아끼고 살아갈 수 있게 잘 도와주는 것이 혼자만의 욕심을 채우는 것보다 낫지 않을까요?

조금만 더

① **검정무늬비단벌레**: 초록색으로 오돌토돌하고 짙은 군청색 무늬가 흩어져 있어요.
② **금테비단벌레**: 붉은 금색으로 반짝거려요.
③ **소나무비단벌레**: 소나무 껍질 같은 무늬가 있어요.
④ **황녹색호리비단벌레**: 몸은 길쭉하고 몸 뒤쪽에 흰색 무늬가 있어요.

초파리

 곤충강〉 파리목〉 초파리과 | 몸길이: 2~3mm
볼 수 있는 시기: 1년 내내 | 볼 수 있는 곳: 사람이 사는 집 안

집 안에 과일 껍질이 버려져 있으면 어느새 작은 파리들이 날아와 붙어 있어요. 조그맣고 눈이 빨간 이 파리가 초파리입니다. 초파리는 식초처럼 시큼한 냄새가 나는 곳에 많이 모인다고 해서 초파리로 불려요.

초파리는 전 세계 사람이 사는 집 안이면 어디에나 살고 있어요. 겨울에는 안 보이다가 날이 따뜻해지고 점점 더워지면 초파리도 많아집니다. 사실은 집 안 구석에 항상 몰래 숨어 있었던 것인데, 온도가 알맞고 먹을 것이 많아지면서 눈에 많이 띄는 것입니다. 한번은 단무지를 만드는 곳에서 연락을 받았는데, 작은 파리가 너무 많이 생긴다는 것이었습니다. 얘기를 들어 보니 그것은 우리 주변에 흔한 초파리였어요.

관찰해 볼까요?

머리: 빨간색 겹눈과 짧은 더듬이 한 쌍이 있어요.

가슴: 둥글고 볼록해요.

다리: 가늘고 길어요.

배: 원통형으로 배마디마다 줄무늬가 있어요.

날개: 한 쌍의 날개를 접고 앉아요.

초파리가 많으면 불결한 생각이 들지만, 크게 문제가 되지는 않습니다. 사실 우리가 알지 못하는 사이 초파리의 알과 애벌레를 먹을 수도 있습니다. 과일을 깎아 놓은 채 식탁에 두면 금세 초파리가 꼬이는데, 이미 알을 낳고 갔을 가능성이 높기 때문이에요.

초파리는 수명이 짧은 대신 한살이가 금방 이루어져요. 불과 일주일 만에 알에서 애벌레로, 다시 번데기에서 어른 초파리로 변합니다. 제가 다른 곤충을 키우기 위해 가끔 과일을 잘라다 먹이로 주면 어느새 초파리가 점령해 버리는 일이 많았습니다. 한 마리가 날아왔다 싶으면 어느새 그 수가 금방 늘어나 있어요.

초파리는 한 쌍의 숨관이 달린 알을 낳습니다. 축축한 곳에 알을 낳다 보니 알도 호흡을 하기 위해 숨관이 있습니다. 초파리의 애벌레는 다른 파리들의 애벌레와 마찬가지로 다리가 없는 구더기 모양입니다. 뾰족한 쪽이 주둥이가 있는 곳이고 뭉툭한 곳이 엉덩이 쪽입니다.

한살이가 빨리 이루어지고 손쉽게 구할 수 있기 때문에 초파리는 진작 과학자들의 눈에 띄어 실험실 곤충이 되었습니다. 많은 대학교와 연구소에서 초파리를 키우고 있어요. 초파리는 유전공학을 발달시킨 중요한 곤충이에요. 빨간 눈만 있는 것이 아니라 이와 반대로 유전하는 하얀 눈, 그리고 곧은 날개와 반대로 휘어진 날개 등등 반대의 특징과 돌연변이를 쉽게 일으키기 때문에 이를 인공적으로 교배시켜 유전이 어떻게 이루어지는지 자세히 연구할 수가 있었습니다. 현재 과학자들은 초파리의 모든 유전자를 분석하여 어떤 유전자가 어떤 기능을 하는지 밝혀 놓고 있습니다.

집에 초파리가 많이 생기면 그다지 기분이 좋지는 않아요. 우선 초파리가 좋아하는 시큼한 냄새가 나는 먹거리 관리를 잘해야 합니다. 뚜껑을 덮지 않고 식탁 위에 그냥 두면 초파리가 날아와 빠집니다. 또한 음식물 쓰레기와 쓰레기봉투 속에도 그런 냄새나는 유인 물질이 있다면 당연히 초파리가 많이 생기게 되지요. 집 안에서는 특히 먹을 것을 두는 주방과 부엌 주변을 청결히 관리한다면 초파리가 줄어들 거예요.

초파리는 다른 곤충들의 먹이로 쓰이기도 해요. 금방 태어난 사마귀는 큰 곤충을 잡아먹지 못하기 때문에 초파리를 주는 일이 많은데, 유리병에 과일을 좀 잘라 넣어 두고 뚜껑에 깔때기를 달아 두면 집 안에서도 초파리를 쉽게 모을 수 있습니다.

 **조금만 더**

① **벼룩파리**: 몸은 작고 둥글며 동작이 빨라 여기저기 움직여요.
② **과실파리**: 날개에 알록달록한 무늬가 있어요.
③ **나방파리**: 흔히 화장실 벽에 잘 붙어 있어요. 나방과 비슷하게 넓적한 날개가 있지만 파리 종류에 속해요.

밑들이

 곤충강〉밑들이목〉밑들이과 | 날개 편 길이: 30mm 내외
볼 수 있는 시기: 봄~여름 | 볼 수 있는 곳: 높은 산지

    밑들이는 크기가 작고 나는 힘이 약해 조그만 풀잠자리와 비슷해 보이는 곤충이에요. 밑들이라는 이름은 매우 특이하지요. 쉽게 말해 밑이 위로 들려 있다는 뜻인데, 밑은 배 끝이나 엉덩이를 가리키는 말입니다. 밑들이의 수컷을 보면 배가 위로 올라가 있는 것을 알 수 있어요. 배를 처들고 있는 모습 때문에 서양에서는 전갈 파리(scorpion fly)라는 별명으로 부릅니다. 전갈이 꼬리를 처들고 독침을 쏘는 자세를 비유한 것이지요.

    '밑'이란 이름과 관련된 다른 곤충으로 밑들이메뚜기가 있어요. 밑들이메뚜기 역시 짝짓기할 때 수컷의 배가 위로 구부러져 올라가 밑이 들려 있습니다. 밑들이벌이란 기생벌도 있는데, 알을 낳을 때 배가 심하게 위로 구부러져 올라갑니다. 또 딱정벌레의 한 종류

관찰해 볼까요?

머리: 긴 더듬이 한 쌍이 있고 주둥이가 새 부리처럼 길게 나와 있어요.

날개: 앞뒷날개가 서로 비슷하게 생겼으며 날개맥에 검은 점무늬가 있어요.

다리: 가늘고 길어요.

배: 암컷은 단순하게 뾰족하지만, 수컷은 집게 모양으로 생겨 위로 들려 올라가 있어요.

먹이 사냥: 거미줄에 걸려 죽은 동족을 먹기도 해요.

로 밑빠진벌레가 있어요. 이름이 좀 우스워 보이는데, 크기가 작은 딱정벌레 종류로 딱지날개가 짧아서 배를 다 덮지 못합니다. 그래서 엉덩이 끝이 날개 밖으로 삐져나와 있어서 밑빠진벌레라는 이름을 얻게 되었어요.

밑들이는 여름철 높은 산지나 들판에 나타납니다. 애벌레는 나비 애벌레나 파리 구더기와 비슷하게 생겼는데, 축축한 땅속을 기어 다니며 썩어 가는 식물질이나 죽은 동물질을 갉아 먹고 삽니다. 그렇지만 아무 곳이나 나타나지는 않고 토양환경이 좋은 곳, 자연보존 상태가 깨끗하게 유지되는 곳에만 나타나기 때문에 일종의 환경지표종으로 역할을 해요.

밑들이의 암수는 배 끝을 보면 쉽게 구별할 수 있어요. 밑이 들려 있고 꼬리 끝은 집게 모양으로 되어 있으면 수컷이에요. 암컷은 배 끝이 뾰족하게 생겨 집게 모양이 아니고 밑이 들리지도 않는답니다. 밑들이는 여기저기 풀쩍풀쩍 날아다니며 죽은 곤충을 찾습니다. 스스로 사냥하는 능력은 없지만, 죽은 곤충을 잘 찾아내어 삐죽하게 튀어나온 주둥이로 먹이를 핥아 먹습니다. 어떤 용감한 녀석은 거미줄에 걸린 먹이를 훔쳐 먹는 일도 있습니다. 또 움직이지 못하는 나비 번데기 같은 것도 잘 찾아내어 공격합니다.

먹이를 먼저 발견한 수컷은 암컷에게 먹이를 양보하기도 합니다. 대신 암컷이 먹이를 먹는 동안 짝짓기를 할 수 있기 때문이지요. 밑들이 수컷은 날개를 떨어 암컷에게 짝짓기 신호를 보내고 암컷이 허락하면 마침내 짝짓기를 할 수 있습니다. 짝짓기하는 모습을 보면 왜 이름이 밑들이인지 제대로 이해할 수 있어요. 곤충은 종류마다 짝짓기하는 자세가 제각각인데, 밑들이의 경우, 이름 그대로 수컷의 배가 휘어져 올라가 암컷의 배와 연결하여 짝짓기를 해요.

여름 한철 활동하고 사라지는 대부분의 밑들이와 달리 북반구의 추운 지역에 겨울철에만 나타나는 밑들이가 있습니다. 눈 위에 나타나기 때문에 눈밑들이라고 불리는 종류는 다른 곤충들이 모두 사라진 겨울에 나타나 눈 위를 기어다니는 매우 특이한 생태를 갖고 있어요. 날개가 모두 퇴화하여 날아다니지도 못하고 새까만 모습은 벼룩과 비슷합니다. 낮은 온도에 적응해 살아왔기 때문에 사람이 손으로 만지는 것만으로도 죽을 수 있다고 해요.

 **조금만 더**

① **동양밑들이**: 몸통은 짙은 흑색이고 날개에 점무늬도 매우 짙어요.
② **아무르밑들이**: 몸통과 주둥이는 밝은 황색이에요.
③ **참모시밑들이**: 어두운 황색이고 특별한 무늬가 없어요.

숲모기

곤충강〉파리목〉모기과 | 몸길이: 10mm 내외
볼 수 있는 시기: 여름 | 볼 수 있는 곳: 그늘진 숲속

    모기는 더운 여름과 가을 사이에 사람을 물고 귀찮게 하는 대표적인 해충입니다. 동물의 피를 빨아 먹고 살기 때문에 어디에나 피를 빨 대상이 있으면 모기도 살고 있어요. 북극에 가장 많은 곤충이 바로 모기이지요. 추운 곳이긴 하지만 순록 같은 큰 동물이 살고 있고 여름철 따뜻해진 물가에서 모기는 얼마든지 생겨나니까요. 숲모기는 집에 들어오는 집모기와 달리 숲속에 사는 모기입니다.

    피를 빠는 것이 암컷 모기라는 사실은 널리 알려진 이야기예요. 암컷은 알을 성숙시키기 위해서 동물의 피에 들어 있는 단백질이 필요해요. 잘못하면 맞아 죽을 수 있는 위험을 무릅쓰고 모기 암컷은 후손을 남기기 위해서 기를 쓰고 피를 빨려고 덤비는 것이지요. 흥미로운 것은 모기는 피를 빨고 나면 일주일밖에 살지 못하지만,

관찰해 볼까요?

날개: 앉을 때는 한 쌍의 날개를 등 위에 접고 앉아요.

배: 길고 날씬해요. 피를 빨면 크게 부풀어요.

머리: 한 쌍의 더듬이와 긴 주둥이가 있어요.

다리: 가늘고 길어요. 보통 뒷다리 한 쌍을 들고 앉아요.

애벌레: 알에서 태어난 모기의 유충으로 장구벌레라고 불러요. 숨 쉬기 위해 엉덩이 끝을 물 밖으로 내밀고 있어요.

알: 고인 물 위에 둥둥 떠 있어요.

번데기: 동그란 편이고 숨관 한 쌍이 뾰족하게 나와 있어요.

피를 빨지 않으면 한 달 이상 살 수 있다는 것입니다. 후손을 남기기 위해서 수명까지 조절할 수 있는 것이 모기의 습성입니다.

모기는 도대체 어디서 생겨나는 것일까요? 모기 애벌레를 특별히 장구벌레라고 합니다. 장구벌레가 사는 곳은 주로 물이 고인 오래된 웅덩이입니다. 사람이 사는 집 근처에 도대체 무슨 웅덩이가 있을까 하는 생각이 들 수도 있지만 의외로 물이 고인 곳은 쉽게 찾을 수 있어요. 마당이 있는 집이면 버려진 세숫대야나 드럼통, 절구통 같은 곳에 쉽게 빗물이 고이고 가정집 아파트에도 정화조 시설이 있는데, 그 안에 흔히 물이 고여 있기 마련이에요. 암컷 모기는 이런 곳을 찾아가 알을 낳습니다. 한 덩어리 모기의 알에서는 수백 마리의 장구벌레가 태어나고 곧 웅덩이에는 작은 장구벌레들이 가득해집니다.

더러운 물이지만 장구벌레가 살 수 있는 것은 물 밖에서 공기호흡을 하기 때문이에요. 장구벌레를 보면 한시도 가만있지 않고 물위와 아래로 오르락내리락하는데, 그 모습이 숨을 쉬기 위해 물 위로 숨관을 내미는 동작입니다. 물속에는 여러 가지 미생물이나 세균이 번식하는데, 장구벌레는 그런 미세한 유기물을 걸러 먹고 살아요. 장구벌레의 입 주변에는 털이 나 있으며 이것을 이용하여 물을 마시며 먹이를 걸러 먹습니다. 모기를 없애기 위한 방법으로 고인 물 위에 기름을 붓는 방법이 있는데, 이것은 장구벌레가 물 위로 숨을 쉬지 못하도록 하는 방법이지요.

장구벌레는 금방 번데기로 변하는데, 모기의 번데기는 장구벌레와 마찬가지로 잘 움직일 수 있어요. 머리 부근에 뿔 같은 숨관이 있어 물 위의 공기를 들이마시는데, 곧 등이 갈라지며 모기가 물 위로 모습을 나타냅니다. 수컷 모기는 특히 더듬이가 깃털 모양으로 발달하여 암컷을 찾는 데 유리해요. 수컷 모기들은 한곳에 무리 지어 날면서 날갯짓 소리를 내는데, 이것은 암컷 모기를 유인하는 데 효과가 있어요.

짝짓기를 마친 암컷 모기는 피를 빨기 위해 어두운 밤에 돌아다니며 동물이 내쉬는 숨 속에 포함된 이산화탄소나 땀 냄새에 이끌려 찾아갑니다. 더운 여름에는 땀을 흘리기 쉽고 몸을 드러내기 쉬운데, 이런 것들이 모기를 끌어들이는 유인제 노릇을 합니다. 모기는 말라리아나 뇌염, 사상충증 같은 위험한 병을 옮길 수 있기 때문에 가능한 물리지 않도록 주의하세요. 주위 환경을 청결히 하는 것이 좋은 예방법입니다.

 조금만 더

① **각다귀**: 흔히 왕모기라고 부르기도 하는데, 사람을 물지 않아요. 다리가 길고 약해 잘못 건드리면 잘 끊어져요.
② **깔따구**: 모기와 아주 비슷하지만 깃털 모양으로 발달한 더듬이가 있고 보통 앉을 때 뒷다리 대신 앞다리를 들고 있어요.
③ **광릉왕모기**: 모기 잡아먹는 모기예요. 애벌레 시절 물속에서 장구벌레를 잡아먹어요.
④ **반점날개늪모기**: 날개와 다리에 얼룩덜룩한 무늬가 있어요.

집파리

 곤충강〉파리목〉집파리과 | 몸길이: 8mm 내외
볼 수 있는 시기: 1년 내내 | 볼 수 있는 곳: 인가, 쓰레기, 배설물 주변

집에 들어와 사는 파리로 누구나 아는 파리가 집파리예요. 몸은 회색빛이 도는 검정색이고 배에는 약간의 밝은 갈색 부분이 있습니다. 집파리는 사람이 사는 곳이면 전 세계 어디에나 살고 있어요. 히말라야 산 위나 중국의 어느 바닷가 시장에 이르기까지, 쓰레기와 유기물이 많은 곳에는 집파리가 많아요. 특히 더운 지방에서는 한살이가 빨리 이루어져 파리가 골치 아픈 곤충으로 등장합니다.

집파리는 집 안에 들어와 여기저기 앉습니다. 파리 몸에는 잔털이 많은데, 여기저기 다니다 보면 병원균이 묻을 가능성이 커요. 화장실에 들어갔던 파리가 음식물에 앉는다면, 당연히 세균이 옮겨질 것입니다. 그리고 파리는 먹기 전에 자기 침을 토하는 버릇이 있어요. 파리 주둥이는 축축한 것을 빨아 먹는 스펀지 같은 구조로 되어

관찰해 볼까요?

날개: 앉을 때는 한 쌍의 날개를 지붕 모양으로 접고 앉아요.

다리: 가늘고 잔털이 많이 나 있어요.

배: 넓적하고 밝은 갈색무늬가 있어요.

가슴: 약한 세로줄무늬가 있고 짧은 센털이 나 있어요.

머리: 짧은 더듬이와 빨간색 겹눈 한 쌍이 있어요.

파리 퇴치: 비닐장갑에 물을 담아 매달아 두었어요. 과학적인 효과는 없어요.

있어요. 딱딱한 것을 씹어 먹을 수 없기 때문에 먹으려면 소화액이 든 침을 내뱉어 축축하게 만든 다음 그것을 핥아 먹습니다. 이런 습관 때문에 몸속에 들어 있는 균이 옮을 가능성이 높습니다.

예전부터 사람들은 귀찮은 파리를 없애려고 많은 무기를 동원하곤 했습니다. 우선 간단하게 때려잡는 파리채가 있지요. 파리는 몸에 난 잔털로 공기의 흐름을 금방 느낄 수 있어요. 파리채는 구멍이 숭숭 나 있어서 공기의 변화를 파리가 빨리 느끼지 못하도록 하여 잡을 수 있습니다. 맨손으로 파리를 잡는 것은 굉장히 어려운 일이지요. 파리의 눈은 무척 예민하여 사람이 아무리 빨리 움직인다고 해도 파리에게는 그것이 그저 느린 화면이 천천히 움직이는 것으로 보입니다. 따라서 파리는 쉽게 사람의 공격을 피할 수가 있지요. 또 음식점에서는 파리를 잡는 끈끈이를 붙여 놓습니다. 끈끈이는 주로 노란색이 많은데, 파리 같은 곤충들이 좋아하는 색깔로 만들어져 있어 파리를 유인합니다. 또 비닐장갑에 물을 넣어 매달아 두는 경우도 있어요. 이것을 보면 파리가 자기 모습이 크게 비쳐 놀라 가까이 오지 않는다는 얘기가 있는데, 별로 과학적인 근거는 없는 것 같습니다. 가정에서는 최근 파리를 잡는 파리지옥이나 끈끈이주걱 같은 식충식물을 키우는 집이 많아지고 있습니다. 살충제를 뿌리는 것보다 좋은 방법들이 계속 개발되고 있어요.

파리가 많은 곳은 아무래도 위생적이지 못한 환경이 갖추어진 곳이지요. 사실 파리는 무척 깨끗한 곤충입니다. 자세히 보면 매일 자기 몸을 닦고 비비고 하면서 먼지를 털어 냅니다. 앞다리를 싹싹 비비는 것이 무엇을 잘못한 듯 용서를 구하는 것처럼 보이기도 하는데, 몸에 묻은 것을 깨끗이 청소하는 모습이지요. 그런데 파리는 썩어 가는 냄새를 잘 맡아 그런 곳에 꼬입니다. 애벌레인 구더기가 먹는 것이 그런 온갖 부패한 물질들이기 때문이에요.

그렇다면 엄밀하게 말해 파리가 더러운 것이 아니고 더러운 곳이기 때문에 파리가 있다는 말로 바꾸어야 할 것입니다. 더러운 곳은 대부분 사람들이 만든 환경입니다. 버려진 많은 쓰레기가 없다면 당연히 파리가 줄어들 것입니다. 파리를 탓하기 전에 그런 환경을 만든 사람의 입장으로 반성할 일이 더 큽니다. 무엇보다 파리가 생기지 않도록 가정에서부터 위생적인 습관을 실천하고 쓰레기 처리를 잘하는 것이 중요한 일입니다.

 조금만 더

① **금파리**: 초록색 광택이 나는 파리예요.
② **쉬파리**: 회색의 짙은 줄무늬가 있는 파리로 알을 낳는 대신 구더기를 직접 낳아요.
③ **똥파리**: 몸에 황금색 털이 덮여 있고 똥에 모이는 다른 벌레를 잡아먹고 살아요.

파리매

곤충강〉파리목〉파리매과 | 몸길이: 25~30mm
볼 수 있는 시기: 여름 | 볼 수 있는 곳: 산지 들판

파리 잡아먹는 파리라서 파리매예요. 파리와 비슷한데, 같은 파리를 잘 잡아먹어요. 파리보다 더 빨리 날아다니며 사냥하는 모습이 매가 사냥하는 것처럼 빠르지요. 서양에서는 파리매를 강도 파리(robber fly)라고 불러요. 워낙 힘이 세서 다른 파리를 덮쳐 꼼짝 못 하게 하고 체액을 빨아 먹는 모습이 강도짓 하는 것처럼 보였나 봐요.

파리매는 나뭇가지나 돌 위에 잘 앉아 있어요. 시력이 좋아서 끝에 앉아 있으면 지나가는 작은 곤충들을 잘 볼 수 있지요. 만약 다른 곤충이 머리 위나 앞으로 지나가면 갑자기 날아올라 재빨리 쫓아간 다음, 힘센 앞다리로 붙잡고 뾰족한 주둥이를 곤충의 몸에 꽂아요. 파리매의 주둥이에서는 침과 함께 소화액이 나오는데, 찔린 곤충은 금방 몸이 마비되어 움직이지 못해요. 파리매가 잡아먹는 것은 파리

관찰해 볼까요?

머리: 커다란 겹눈과 짧은 더듬이 한 쌍이 있어요.

가슴: 두꺼운 원형이에요.

날개: 한 쌍을 배 위에 접고 앉아요.

배: 수컷의 엉덩이 끝에는 흰털다발이 있어요.

다리: 굵고 튼튼해요. 가시가 나 있어 먹이를 잡을 때 사용해요.

알집: 하얀 거품질이에요. 나뭇가지에 사마귀 알집처럼 매달려 있어요.

이외에 여러 가지 곤충이 있어요. 나비나 나방, 그리고 작은 매미나 잠자리까지 날아다니는 곤충은 전부 잡아먹어요. 독침이 있는 꿀벌이나 맵시벌, 잎벌도 예외가 아니에요. 파리매가 일단 사냥감을 붙들면 재빨리 주둥이를 찌르기 때문에 저항할 시간이 없어요. 또 몸이 딱딱한 풍뎅이나 똥풍뎅이도 잘 잡아먹혀요. 딱정벌레 종류라 하더라도 날아갈 때는 딱딱한 딱지날개를 벌려야 하는데, 그러면 부드러운 배 부분이 금방 드러나 버리지요. 파리매는 주로 몸의 연한 부분, 목이나 다리의 관절 마디가 있는 부분에 주둥이를 찔러요. 그래도 가장 잘 잡아먹는 것은 파리나 각다귀, 밑들이처럼 날아다니는 몸이 부드러운 곤충들이에요.

파리매가 앉아 있는 곳에 작은 돌이나 나뭇가지를 살짝 던져 보세요. 그러면 파리매는 먹잇감이 지나가는 줄 알고 갑자기 날아올라 던진 물체를 쫓아가요. 그만큼 운동신경이 빠르고 동작이 재빨라서 작은 곤충이 움직이는 것도 놓치지 않아요. 그렇지만 날아가는 물체를 정확히 구별하고 따라가는 것은 아니라서 가끔 파리매는 같은 파리매를 잡아먹기도 해요.

파리매를 사람의 피를 빠는 소등에로 착각하는 경우가 있어요. 소등에와 파리매는 모두 파리 무리에 속하는데, 덩치가 크고 피를 빠는 주둥이가 있어서 비슷한 종류로 혼동하는 것 같아요. 소등에는 다리에 털가시 같은 것이 별로 없는 대신 꽃등에처럼 벌과 비슷한 무늬와 특별한 무늬가 있는 겹눈이 있어요. 그렇지만 파리매는 작은 벌레를 붙잡기 위해 다리에 털가시가 많이 나 있고 보통 검정색이나 갈색이에요. 소등에는 소나 말처럼 커다란 동물의 피를 빨고 가끔 사람 몸에 앉아 주둥이로 쏘는 경우가 있어요. 그렇지만 파리매는 곤충을 잡아먹을 뿐, 사람을 물거나 하지는 않아요.

    파리매는 배 끝을 붙인 채 서로 반대방향을 보고 짝짓기를 해요. 놀라면 서로 붙은 채로 딴 곳으로 날아가기도 해요. 그럴 때는 덩치가 큰 암컷이 작은 수컷을 매달고 자기 맘대로 끌고 날아가요. 그 후에 암컷은 거품에 싸인 알 덩어리를 식물이나 돌 아래에 붙여요. 알집의 모습은 작은 사마귀 알집과 비슷해요. 태어난 애벌레는 다른 파리들처럼 구더기 모양으로 생겼고 모두 땅으로 내려가 흙 속을 돌아다니며 작은 벌레를 잡아먹으며 살아가요.

① **각다귀파리매**: 길쭉한 몸매가 각다귀를 닮은 파리매예요.
② **검정파리매**: 몸 전체는 검정색이에요.
③ **광대파리매**: 몸은 검정색이고 다리는 갈색, 배 끝은 볼록해요.
④ **홍다리파리매**: 다리 마디가 붉은색이고 배 끝은 뾰족해요.

끝검은말매미충

 곤충강〉 노린재목〉 매미충과 | 몸길이: 11~13mm 내외
볼 수 있는 시기: 1년 내내 | 볼 수 있는 곳: 야산, 풀밭

    끝검은말매미충, 이름이 조금 길고 어려운 것 같지만 특징을 알고 나면 그렇게 어려운 이름이 아니에요. 더구나 숲에 가면 흔히 볼 수 있는 곤충 중 하나예요. 이름 그대로 끝부분이 검은데, 몸의 뒤쪽에 놓인 날개 끝부분이 어두운 색입니다. 살아 있을 때는 약간 청색을 띠지만 죽으면 검은색이 됩니다. 몸 색깔도 밝은 노란색인데, 죽으면 짙은 황색으로 변합니다.

    말매미충이라는 이름을 알아보면, 맴맴 우는 매미와 비슷하게 생겼는데, 크기가 작고 울지 않는 것이 매미충 무리입니다. 매미충치고는 크기가 크다고 해서 말매미충입니다. 말꼬마거미의 '말'과 같은 의미입니다.

    끝검은말매미충은 가끔 뉴스에 등장해요. 매년 10월이면 강원도

관찰해 볼까요?

머리: 검은색 겹눈과 짧은 더듬이 한 쌍이 있어요.

다리: 까맣고 노란 무늬가 있어요.

가슴: 4개의 검은 점무늬가 있어요.

날개: 날개 끝부분이 검은색이에요.

다 자란 애벌레: 몸은 전체가 노랗고 날개가 짧아요.

양양에 있는 동해사라는 절에서 마른하늘에 비가 내리는 현상이 나타납니다. 불교에서는 이것을 신성한 비라고 하여 법우(法雨)라고 합니다. 어떻게 맑은 날씨에 아무것도 없는 하늘에서 비가 내리는 것일까요?

비 내리는 장면을 카메라로 찍어 보니 높은 곳에 있는 나무로부터 빗방울처럼 뚝뚝 액체가 떨어지는 것이 관찰되었습니다. 이 성분은 식물로부터 온 물질이라고 밝혀졌는데, 사실은 나무 잎사귀 뒷면에 무리 지어 붙어 있던 끝검은말매미충들이 잎에서 즙을 빨아 먹고 단체로 오줌을 싸는 모습이 마치 비가 오는 것처럼 보인 것입니다. 끝검은말매미충은 어른벌레 상태로 겨울을 납니다. 그러기 위해서 가을철에 미리 몸속에 많은 영양분을 저장하려고 나뭇잎 뒤에 붙어 계속하여 즙을 빨아 먹었던 것입니다.

매미나 매미충이나 또 진딧물 같은 종류도 모두 즙을 빨아 먹고 액체로 된 오줌을 배설물로 눕니다. 매미를 잡으려고 가까이 가면 갑자기 오줌을 싸면서 날아가는 것을 보았을 거예요. 또 여름철 진딧물이 많이 낀 나무 밑에 자동차를 주차해 놓으면 금방 차 위에 끈끈한 액체가 떨어져 끈적끈적해 보이는 현상을 알 수 있습니다.

즙을 빨아 먹어 농작물을 해치는 종류로 멸구가 유명합니다. 멸구와 매미충 모두 벼 같은 농작물에 해를 줄 수 있는데, 단체로 무리 지어 즙을 빨면 벼가 잘 자라지 못하고 시들시들해지는 시들음병에 걸립니다. 누렇게 변한 잎사귀는 광합성을 하지 못하고 열매도 맺을 수 없게 되지요. 멸구는 멸오충(滅吳蟲)이라는 말에서 왔는데, 중국

오나라에 흉년을 들게 해 멸망시켰다는 전설을 갖고 있을 정도예요.

끝검은말매미충은 숲에서 주로 참나무의 잎에서 즙을 빨아 먹고 삽니다. 돌 밑이나 썩은 나무 틈에 몸을 숨긴 채 어른벌레로 겨울을 나고 봄이 오면 다시 활동하기 시작합니다. 사람이 건드리면 깜짝 놀라 뛰어오르면서 날아갑니다. 이런 모습은 거품벌레나 꽃매미와도 비슷한데, 모두 가까운 친척 간이기 때문에 습성도 비슷합니다.

여름이 오기 전 짝짓기를 마친 암컷은 잎사귀가 두꺼운 식물의 잎 뒷면에 알을 찔러 낳습니다. 부화한 애벌레는 날개도 없고 색깔도 맑은 우윳빛이라 어른벌레와는 전혀 다르게 보입니다. 애벌레는 4번 허물을 벗고 날개가 달린 성충이 됩니다. 날개 끝이 검은 어른벌레는 여름부터 숲에 모습을 보이면서 식물 위 여기저기를 날아다닙니다. 그리고 가을에 감로법우를 떨어뜨리고 이듬해 봄까지 살면서 사람들 눈에 많이 띄는 것이지요.

조금만 더

① **말매미충**: 초록색으로 풀밭에 많이 살아요.
② **일본멸구**: 머리는 삼각형으로 돌출하고 더듬이가 길어요.
③ **제비말매미충**: 앉을 때 날개를 벌려 십자가 모양으로 만들어요.
④ **주홍긴날개멸구**: 몸통은 주홍색이고 날개가 길어요.

꼽등이

 곤충강〉 메뚜기목〉 꼽등이과 | 몸길이: 20mm 내외
볼 수 있는 시기: 1년 내내 | 볼 수 있는 곳: 인가, 동굴

꼽등이는 사람이 사는 집에 자주 들어오는 곤충이에요. 집에 들어온 꼽등이를 보고 사람들은 그냥 '귀뚜라미'라고 말하는 경우가 많아요. 꼽등이도 귀뚜라미처럼 색깔이 어둡고 잘 뛰거든요. 하지만 꼽등이는 귀뚜라미와는 전혀 다른 곤충이에요. 귀뚜라미는 날개가 있어서 날아다니거나 가을철에 날개를 비벼 소리 내어 울지만, 꼽등이는 날개가 전혀 없어서 날지도 못하고 울지도 못해요. 또 귀뚜라미는 보통 여름과 가을철 사이에 가끔 사람이 사는 집에 들어오는 반면, 꼽등이는 1년 내내 집 안의 어두운 구석에 숨어 살아요.

'꼽등이'라는 이름은 특히 등 부분이 둥글게 굽어서 붙은 이름인데, 예전에는 '곱등이'라고 부르다가 우리말 경음화가 심해져 꼽등이가 되었어요. 또 귀뚜라미와 비슷한데, 덩치가 크다는 의미로 '말

관찰해 볼까요?

몸 전체는 광택이 나는 갈색이에요. 특별한 무늬는 없어요.

다리: 몸에 비해 아주 길어요. 특히 뒷다리가 잘 발달해 멀리 뛸 수 있어요.

가슴: 매끄럽고 둥글게 굽었어요. 날개는 애벌레 때나 어른벌레 때나 모두 없어요.

머리: 겹눈은 작고 까매요. 시력은 좋지 않은 대신 입 주변에 긴 수염과 몸길이의 5배나 되는 긴 더듬이가 있어요.

배: 끝에는 한 쌍의 꼬리털이 있어요. 특히 암컷은 칼 모양의 산란관이 있어요.

탈피: 애벌레는 어두운 곳에서 조용히 허물을 벗어요.

먹이 활동: 밤중에 죽은 곤충이나 식물질을 먹어치우는 청소부 곤충이에요.

귀뚜라미'라고도 불렀어요. 서양에서는 꼽등이를 낙타 귀뚜라미(camel cricket), 또는 동굴 귀뚜라미(cave cricket)라는 별명으로 부르지요.

겁이 무척 많은 꼽등이는 사람들이 모두 잠든 밤에 돌아다녀요. 시력은 좋지 않지만, 더듬이가 아주 길게 발달해 예민한 촉각을 갖고 있어요. 여기저기 기어다니며 갉아 먹을 수 있는 먹이를 찾아요. 죽은 곤충이나 버려진 과일, 버섯, 곰팡이, 심지어 사람이 먹다 버린 음식물 쓰레기까지 꼽등이가 먹지 못하는 것은 거의 없어요. 꼽등이는 생태계에서 지저분한 것을 먹어 치워 주는 청소부 역할을 해요.

꼽등이는 원래 숲속의 어두운 곳, 특히 동굴 속이나 바위틈, 나무 껍질 아래에 숨어 사는데, 사람이 사는 집 안도 어두운 곳은 빛이 들어오지 않는 동굴과 비슷하기 때문에 꼽등이가 사람 집에 들어오게 된 것이에요. 더구나 사람들의 집에는 꼽등이의 천적이 거의 없고 항상 따뜻하면서 먹을 것도 널려 있으니 꼽등이가 살기 좋은 곳이라고 느꼈을 거예요. 꼽등이는 특히 축축하고 습한 어두운 곳을 가장 좋아하지요. 꼽등이 몸을 둘러싼 껍질이 연한 편이라, 물기가 적은 건조한 곳에서는 잘 살지 못해요.

살충제를 뿌려도 꼽등이가 죽지 않는다는 말은 잘못 퍼진 말이에요. 살충제를 자세히 보면 몇 가지 종류가 있는데, 파리, 모기처럼 날아다니는 해충을 죽이는 것과 바퀴, 개미처럼 기어다니는 해충을 죽이는 것이 서로 달라요. 꼽등이에게 바퀴, 개미를 죽이는 살충제를 뿌리면 금방 죽지만, 파리, 모기를 죽이는 살충제는 성분이 달라 시간이 더 오래 걸려 죽을 뿐이에요.

또 꼽등이 몸속에는 기생충인 연가시가 들어 있다고 해요. 연가시는 꼽등이 외에도 사마귀나 메뚜기, 집게벌레 같은 다른 곤충 몸 안에도 들어 있을 수 있는데, 꼽등이가 연가시에게 기생당하는 비율은 그렇게 높지 않아요.

꼽등이는 생태계에서 청소부 곤충이므로 나름의 역할을 하고 있어요. 생긴 모습과 펄쩍 뛰는 습성 때문에 무서워하는 사람들도 있지만, 사람을 물거나 일부러 공격하지는 않아요. 또 특별한 병원균을 옮기지도 않아요. 사람 집에 들어오는 것은 우연히 살기 좋은 장소를 찾다가 들어온 것일 뿐이지요. 꼽등이가 사람 집에 들어오지 않게 하기 위해서는 먹을 것이 되는 음식물 쓰레기를 잘 치우고 숨을 곳이 되는 축축하고 어두운 곳을 잘 청소하여 꼽등이가 살기 좋지 않도록 만드는 것이 최고의 방법이에요.

 조금만 더

① **알락꼽등이**: 전 세계에 퍼져 살고 있는 꼽등이예요. 몸과 다리에 얼룩무늬가 많아요. 꼽등이와 함께 사람 집 안에 흔히 나타나요.

② **장수꼽등이**: 숲속 바닥이나 동굴 안에 사는 가장 덩치가 큰 꼽등이예요. 겹눈 밑에 줄무늬가 있고 가슴은 까맣고 광택이 나요.

③ **검정꼽등이**: 몸 크기는 꼽등이 중에서 가장 작고 전체가 검정색이에요. 야외에서 생활하고 사람 집에는 들어오지 않아요.

④ **산꼽등이**: 높은 산에만 사는 특별한 꼽등이 종류예요. 몸에 얼룩덜룩한 무늬가 있어요.

집바퀴

 곤충강〉 바퀴목〉 왕바퀴과 | 몸길이: 20~30mm
볼 수 있는 시기: 여름~가을 | 볼 수 있는 곳: 집 안, 가로수, 썩은 나무

바퀴는 사람이 사는 집 안에 흔히 나타나는 곤충이에요. 보통 사람들은 바퀴를 보면 '바퀴벌레다!' 하고 깜짝 놀라 소리를 질러요. 그리고 살충제를 찾아 뿌려 대지요. 사실 바퀴 입장에서는 무척 억울하답니다. 사람에게 크게 해를 주는 것도 아닌데, 보이기만 하면 사람들은 죽이려고 하니까요. 바퀴는 여기저기 지저분한 곳을 돌아다녀 우연히 세균을 옮길 수는 있지만, 뇌염을 걸리게 하는 모기처럼 특별한 병을 옮기지는 않아요.

바퀴의 옛날 이름은 '박휘'였답니다. 정확히 무슨 뜻의 말인지 알 수 없지만, 동작이 무척 빠른 특징에서 붙은 이름인 것 같아요. 또 '강구', '돈벌레'라고 부르는 지역도 있어요. 사계절이 있는 우리나라에서 바퀴는 예전에 그렇게 흔한 곤충이 아니었어요. 바퀴의 고향은

관찰해 볼까요?

머리: 납작하고 가슴 밑에 감추어져 있어 위에서 보면 머리가 잘 보이지 않아요. 한 쌍의 긴 더듬이가 붙어 있어요.

가슴: 반질반질 광택이 나요.

날개: 가지런히 배 위에 덮여 있어요. 애벌레 때는 짧아서 눈에 띄지 않지만 어른 바퀴벌레는 배 끝까지 날개가 덮여요.

배: 끝에는 한 쌍의 꼬리털이 있어요.

다리: 뒷다리가 가장 길어요. 다리마다 잔가시가 많이 나 있어요.

암컷: 수컷보다 날개가 짧아요. 배 끝에 알집을 매달고 다니는 수가 많아요.

애벌레: 갈색 애벌레가 금방 허물을 벗으면 연한 색이에요.

1년 내내 따뜻한 열대지방이거든요. 추위에 약하기 때문에 겨울에도 따뜻한 부잣집에 드물게 나타나곤 했어요. 그러나 요즘 집은 난방이 잘되기 때문에 겨울철에도 바퀴가 살 수 있어요.

바퀴는 유난히 예민한 감각을 갖고 있어요. 자연 속에는 바퀴의 천적이 많기 때문에 이들로부터 살아남기 위해 조그만 소리나 인기척에도 재빨리 달아나지요. 바퀴는 특히 몸이 납작해서 좁은 틈만 있어도 기어들어 갈 수 있지요. 사실 바퀴가 몇 마리 보이기 시작하면 사람들이 잘 모르는 집 안 어두운 구석에 바퀴가 수십 마리 이상 무리 지어 있을 가능성이 높아요. 특히 바퀴의 똥 속에는 같은 종류를 불러 모으는 페로몬 성분이 들어 있지요. 바퀴를 들러붙게 해서 붙잡는 끈끈이트랩은 이런 페로몬 성분을 미끼로 이용해요.

바퀴는 잡식성이라 못 먹는 것이 없고 생존력이 강해 먹지 않고도 오래 살 수 있지만, 물을 마시지 못하면 오래 버티지 못해요. 그래서 바퀴는 언제든지 물을 마실 수 있는 부엌이나 화장실 근처에 숨는 습성이 있어요.

생김새와 달리 바퀴는 알을 품고 다니는 모성애가 있어요. 짝짓기를 마친 암컷은 배 끝에 작은 지갑 모양의 알집을 만드는데, 애벌레가 부화할 때까지 매달고 다녀요. 그리고 부화할 때가 다가오면 안전한 곳을 찾아 알집을 붙여 두지요. 하나의 바퀴 알집에서는 30~100마리의 바퀴 애벌레가 태어나요. 살충제를 뿌려도 바퀴가 잘 없어지지 않는 이유는 암컷 바퀴가 죽더라도 알집은 살아서 계속 애벌레가 태어나기 때문이에요.

사람 집에 들어와 사는 바퀴는 전 세계 어디에나 살고 있어요. 물자를 나르는 짐 속에 무임승차로 몰래 숨어 있거나 알집이 붙어 있다가 퍼지게 된 것이지요. 그렇지만 사람 집에 들어오지 않는 야생바퀴 종류가 더 많아요. 야생바퀴는 낙엽, 꽃, 썩은 나무, 버섯 등 여러 가지 식물을 먹고 살며 자유로운 생활을 해요. 오스트레일리아 같은 나라에서는 야생바퀴 중에서 손바닥만큼 크고 낙엽을 먹는 순한 종류를 애완곤충으로 키우기도 하고, 중국 같은 나라에서는 바퀴를 말려서 약재로 쓰기도 해요.

 조금만 더

① **먹바퀴**: 집바퀴와 비슷하게 생겼는데, 더 크고 몸은 둥글어요.
② **산바퀴**: 산에 사는 바퀴예요. 앞가슴등판의 양쪽에 검은색의 콩팥 무늬가 있어요.
③ **이질바퀴**: 집에 사는 바퀴 중에 가장 크고 잘 날아다녀요. 설사를 일으키는 '이질'이란 병을 옮긴다는 뜻의 이름을 갖고 있어요. '미국바퀴'라고도 불러요.
④ **갑옷바퀴**: 썩은 나무속에 사는 우리나라 토종바퀴예요. 주로 높은 산지에 죽어서 쓰러진 나무속에서 무리 지어 생활해요.

좀

 곤충강〉좀목〉좀과 | 몸길이: 10mm 내외
볼 수 있는 시기: 1년 내내 | 볼 수 있는 곳: 실내

    곤충 중에서 가장 간단하고 짧은 이름을 가진 곤충이 '좀'입니다. 단 한 글자로 이루어져 있지요. 보통 좀벌레라고 말하는데, 맞는 말은 좀입니다. 좀은 사람이 사는 집 안에 살아요. 그래서 좀 먹었다, 좀 슬었다, 이런 말을 사람들이 많이 합니다. 좀은 어두운 곳에 살면서 집 안의 나무 가구나 벽지, 그리고 자연 섬유로 된 옷을 갉아 먹고 살아요. 예전의 옷은 대부분 천연섬유가 많았기 때문에 좀이 갉아 먹어 구멍이 뚫리는 일이 많았지요. 그래서 흔히 옷장 안에서 좀이 슬지 않도록 나프탈렌 성분의 좀약을 넣어 두었습니다. 나프탈렌은 고체 성분으로 사람에겐 해롭지 않으면서 서서히 기체로 변하여 벌레가 싫어하는 냄새를 피워 좀이 생기지 않도록 해요.

    좀은 곤충 중에서 가장 원시적인 모습을 갖추고 있어 모든 곤충

몸은 빛나는 은색 비늘로 덮여 있어요.

관찰해 볼까요?

머리: 작고 둥글며 겹눈은 크기가 작아요.

가슴: 상자 모양으로 나누어져 있으며 날개는 전혀 없어요.

다리: 짧고 약해요.

배: 배 끝에는 3개의 긴 꼬리털이 나 있어요.

의 조상이라고 말합니다. 어른벌레가 되어도 날개가 전혀 없으며 얼핏 보면 새우처럼 보이는 긴 몸매에 배 안쪽에는 새우나 가재에서 볼 수 있는 작은 배다리가 나 있습니다. 땅속에서 발견된 가장 오래된 곤충 화석 역시 좀의 모습을 하고 있기 때문에 좀을 곤충의 조상으로 생각하고 있지요.

좀은 밝은 빛을 싫어하고 야행성이라 밤에 불이 다 꺼지면 어두운 곳에서 기어나와 방안 이곳저곳을 돌아다녀요. 주로 축축한 곳을 좋아하는데, 벽지에 곰팡이가 생겨 갈아 줄 때나 이사 갈 때 짐을 옮기면 먼지 속에서 좀이 흔히 보이곤 했습니다. 그리고 방 청소를 하려고 비질을 하면 쓰레받기 속에 먼지와 함께 좀이 모습을 나타내곤 했습니다. 그런데 요즘은 진공청소기로 모조리 구석구석 빨아들이다 보니 좀을 볼 일이 거의 없습니다.

조잔한 사람을 두고 좀스럽다는 말을 하듯이, 좀이라고 하면 아주 작은 곤충으로 사람 눈에 잘 보이지 않을 거라고 생각하는 것 같아요. 그런데 실제로 보면 좀은 몸 크기가 1cm 이상으로 크고, 반짝거리는 은색 비늘로 몸이 덮여 있습니다. 서양에서는 좀을 은색 물고기(silver fish)라는 별명으로 부르지요. 사람이 손으로 만지면 비늘가루가 벗겨져 회색으로 보이는 일도 있어요. 좀은 동작이 빨라 잘 도망을 치는데, 미끄러운 곳을 기어오르지는 못해요. 발톱은 있지만 빨판 같은 구조가 없기 때문이에요.

좀은 실내에 살다 보니, 전 세계에 사람이 사는 곳이면 어디나 숨어서 같이 살고 있습니다. 서적을 보관하는 창고나 박물관, 문화재가 있는 곳에서 좀은 해충으로 여겨지고 있어요. 좀은 씹는 입을 갖고 있어 무엇이든 단단한 물체를 갉아 먹을 수 있지만, 동물성 물질보다는 한지처럼 식물성 물질을 더 잘 먹습니다. 따라서 오래된 책은 좀이 가장 좋아하는 먹이이며 책을 제본할 때 쓰는 아교나 풀도 잘 먹습니다. 좀이 갉아 먹은 자국은 핥아 먹듯이 얇게 벗겨져 있는 것이 특징이에요.

좀은 원시적인 곤충이라서 그런지 다른 곤충과는 달리 변태를 하지 않아요. 어린 애벌레의 모습이나 다 자란 어른벌레의 모습이나 전혀 다르지 않습니다. 그래서 완전변태, 불완전변태라는 말 대신 무변태라는 말을 씁니다. 또한 다른 곤충은 마지막 허물벗기를 마치면 더이상 허물을 벗지 않지만, 좀은 몇 번이고 죽을 때까지 허물을 벗어요. 이런 점들이 일반 곤충과는 많이 다른 특징입니다.

 **조금만 더**

① **서양좀**: 크기가 작고 꼬리털도 더 짧아요.
② **돌좀**: 겹눈이 크고 몸에 어두운 얼룩무늬가 있어요. 산속 계곡에 이끼가 덮인 바위나 나무껍질에 붙어 살아요.
③ **좀붙이**: 몸은 하얗고 다른 색깔이 없어요. 어둡고 축축한 땅바닥을 기어다녀요.

네발나비

 곤충강〉 나비목〉 네발나비과 | 날개 편 길이: 50~60mm
볼 수 있는 시기: 1년 내내 | 볼 수 있는 곳: 들판, 공원, 화단, 과수원

    네발나비는 주황색이 감도는 나비예요. 다리가 4개라서 네발나비라고 불러요. 그런데 곤충이라면 다리가 6개인 것이 맞지요. 실제로 나비가 앉아 있을 때 옆에서 보면 4개의 다리만 보여요. 보이는 다리는 각각 가운뎃다리와 뒷다리예요. 사실 네발나비의 앞다리 한 쌍은 퇴화하여 별로 쓰이지 않는데, 앞가슴에 바싹 붙이고 있기 때문에 다리가 4개인 것처럼 보이는 거예요. 가는 핀셋으로 앞가슴 쪽을 건드리면 짧은 앞다리가 나오는 것을 볼 수 있어요.

    네발나비는 도시에서 배추흰나비만큼이나 흔히 볼 수 있는 나비예요. 특히 가을철 꽃이 많이 핀 화단이나 감나무에 터진 감이 매달려 있는 곳에 달콤한 액체를 빨기 위해 네발나비가 많이 날아와요. 먹을 것에 앉으면 평상시에 둘둘 말려 있던 주둥이가 길게 빨대 모

양으로 펴집니다. 네발나비는 어른벌레인 나비 상태로 겨울을 나기 때문에 가을철에 미리 많은 영양분을 몸속에 저장해 두어야 합니다.

예전에는 네발나비를 남방씨알붐나비(c-aureum)라고, 산네발나비를 씨알붐나비(c-album)라고 불렀어요. 북쪽에 사는 씨알붐나비에 비해 남쪽에 주로 산다는 뜻으로 남방씨알붐나비라고 부른 것입니다. 예전에 적당한 우리말 이름이 없었을 때 두 나비의 라틴어 학명을 그대로 불렀던 것인데, 네발나비와 산네발나비의 날개 아랫면을 살펴보면 은빛이 나는 알파벳 C자처럼 보인다고 해서 그런 이름으로 불렀습니다.

나비의 날개를 자세히 보면 다양한 무늬가 있어요. 이 무늬는 날개를 덮고 있는 가루가 만들어요. 나비 날개를 만지고 눈을 비비면 장님이 된다는 무시무시한 이야기가 예전부터 전해 오지만, 실제로 나비 날개가루 때문에 장님이 된 사람은 아직까지 없습니다. 날개가루가 잘 떨어지고 사람 손에 묻기도 하는데, 나비가 오래 살면 점점 가루가 떨어져 무늬가 옅어집니다.

나비의 날개가루는 독특한 무늬를 만들기 때문에 같은 종류를 알아보는 데 중요합니다. 멀리서 날아가는 같은 종류를 나비끼리는 시각으로 알아볼 수 있어요. 또 수컷은 날개가루에서 사향 성분의 특별한 냄새를 풍기기도 하는데, 이를 성표라고 합니다. 수컷의 날개 성표에서 나는 냄새를 암컷이 맡으면 쫓아다니게 됩니다.

어떤 사진작가는 나비 날개를 종류별로 관찰하여 알파벳과 로마 숫자를 모두 찾아내기도 했어요. 네발나비의 C자처럼 외국의 나비

중에는 숫자처럼 보이는 무늬를 가진 나비가 있어요. 우리나라 나비 가운데 거꾸로여덟팔나비는 이름처럼 여덟 팔(八) 자가 뒤집어진 무늬를 갖고 있는 것으로 유명해요.

　네발나비가 흔한 이유 중 하나는 애벌레의 먹이식물인 환삼덩굴이 도시 주변에 흔하기 때문이에요. 환삼덩굴은 잎사귀가 마치 단풍나무 잎처럼 갈라져 있는데, 잎의 뒷면과 줄기에 가시가 많이 나 있고 여기저기 줄기를 뻗쳐 감고 올라가는 식물이지요. 쓰레기가 버려져 있는 곳이나 공사 현장의 흙이 쌓인 곳 등 환경오염이 있는 곳에도 잘 자라기 때문에 환삼덩굴이 흔하고 따라서 네발나비도 흔하게 살 수 있어요.

① **큰멋쟁이나비**: 작은멋쟁이나비보다 크고 짙은 무늬가 있어요.
② **작은멋쟁이나비**: 날개 끝은 까맣고 흰무늬 장식이 있어요.
③ **봄어리표범나비**: 봄에 나오는 나비로 네발나비처럼 주황색 바탕에 검정색 점무늬가 많아요.
④ **흰줄표범나비**: 네발나비보다 크고 날개 가장자리가 완만한 선을 갖고 있어요.

애집개미

 곤충강〉 벌목〉 개미과 | 몸길이: 3mm 내외
볼 수 있는 시기: 1년 내내 | 볼 수 있는 곳: 사람이 사는 집 안

집 안에 자주 돌아다니는 아주 작은 개미가 있어요. 사람들은 이 개미를 흔히 불개미라고 말해요. 색깔이 약간 불그스름한 데다가 사람을 깨무는 일도 있어서 그렇게 부르는 것 같아요. 그런데 진짜 불개미는 따로 있어요. 야외에 사는 불개미는 이름처럼 붉은 색깔을 띠고 있으며 성질이 사나워서 먹이를 잡거나 적이 침입했을 때 심하게 깨물거나 엉덩이에서 개미산을 내뿜는 것으로 유명해요.

집에 사는 이 개미는 애집개미라는 정식 이름이 있어요. 크기가 작아서 '애', 집에 살기 때문에 '집', 그래서 애집개미예요. 애집개미의 원산지는 더운 열대지방 아프리카 땅이에요. 라틴어 학명에 파라오(pharaonis)가 붙어서 파라오개미라고도 하고 파라오가 등장하는 이집트 이름을 붙여 이집트개미, 혹은 애굽개미라고도 불러요.

관찰해 볼까요?

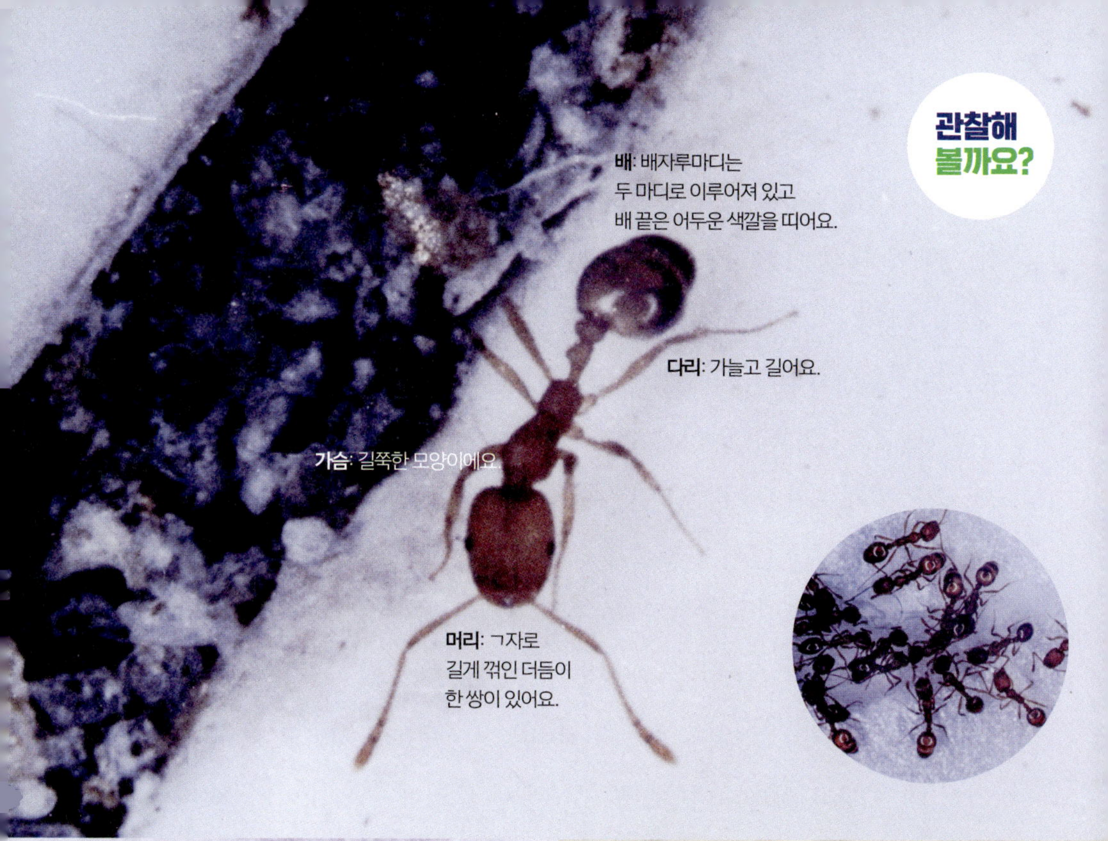

배: 배자루마디는 두 마디로 이루어져 있고 배 끝은 어두운 색깔을 띠어요.

다리: 가늘고 길어요.

가슴: 길쭉한 모양이에요.

머리: ㄱ자로 길게 꺾인 더듬이 한 쌍이 있어요.

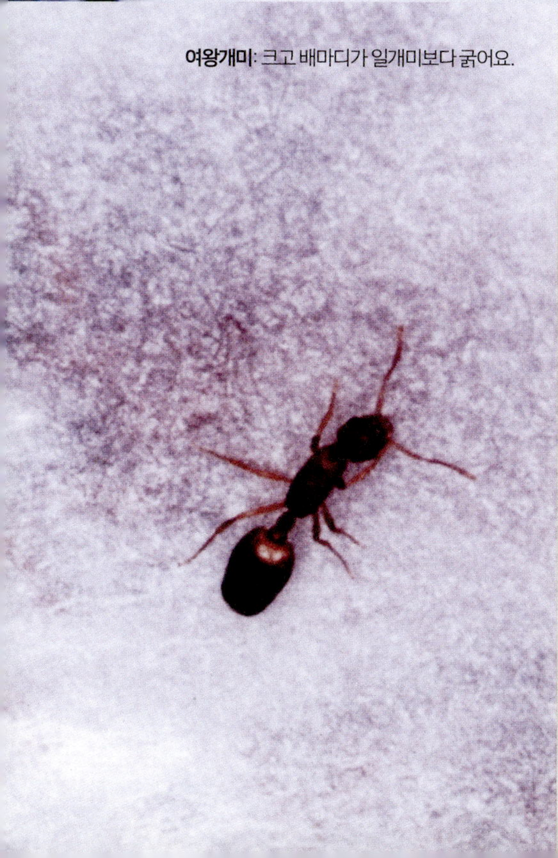

여왕개미: 크고 배마디가 일개미보다 굵어요.

먹이활동: 죽은 곤충이나 집 안의 과자 부스러기에 잘 모여요.

집에 나타나는 애집개미는 여간 성가시지 않습니다. 여기저기 줄지어 기어다니며 식탁이나 방 안에 떨어진 음식을 물어 가고 또 깨끗해야 할 곳에 개미가 생기니 사람들이 불쾌하게 생각합니다. 저희 집에서는 책꽂이에 오래 꽂아 둔 책 밑에서 개미떼가 발견된 일도 있고 오래된 약봉지 안에서도 개미가 들어가 살고 있었던 적이 있어요. 또 라면봉지 안에 들어가 있던 바람에 라면을 끓이려고 물에 넣으니 개미가 쏟아졌던 일도 있었어요. 애집개미는 달콤한 성분이나 기름기 있는 먹이를 좋아해서 사람들의 음식에 자주 꼬이지요.

일개미를 몇 마리 찾아서 죽인다고 해서 애집개미가 없어지지 않습니다. 줄지어 기어가는 개미를 보면 어느 벽 틈으로 들어가 사라지는데, 어딘가 보이지 않는 곳에 비밀스러운 집을 짓고 여러 마리의 떼가 살고 있습니다. 보통 개미는 한 무리에 여왕개미가 한 마리밖에 없지만, 애집개미는 여러 마리의 여왕개미가 함께 살고 있어요. 설사 한 마리가 죽더라도 애집개미 집안이 금방 몰락하지 않아요. 또한 다른 개미들처럼 결혼비행도 하지 않아요. 자기 무리 안에서 태어난 수컷과 암컷이 근친교배를 하기 때문에 금방 수가 늘어날 수 있어요. 일개미는 집 안을 돌아다니며 먹을 것을 구해 와 애벌레를 먹여 살리고 한살이는 약 42일 만에 이루어지기 때문에 애집개미는 쉽게 퍼질 수가 있어요.

애집개미는 우리나라를 포함하여 전 세계 사람들의 집이 있는 곳이면 어디에나 살아요. 어떻게 먼 아프리카 땅에서 전 세계로 퍼질 수 있었을까요? 거기에는 당연히 사람이 큰 역할을 했습니다. 크기가 작아 몰래 숨을 수 있는 애집개미는 여기저기 오가는 짐 속에 숨어서 사람들의 집에까지 오게 된 것 같아요. 사람의 집은 가장 안전하고 먹을 것이 있고 또 따뜻하니 애집개미가 살기에 무척 좋았을 거예요. 다만 사람들한테 괴롭힘을 당할 각오만 한다면 말이지요. 애집개미 이외에 바퀴나 꼽등이, 집게벌레 같은 종류도 전 세계에 사는 종들이 있어요. 원산지는 따로 있지만, 모두 사람의 이동이나 물자 교류 때문에 퍼지게 된 것입니다.

애집개미를 없애려면 위생관리에 신경 써야 합니다. 또 아파트 같은 곳에서는 주기적으로 소독과 방역을 할 때 함께 참여하는 것이 가장 좋아요. 우리 집에서 다른 집으로 이동할 수 있으니, 한꺼번에 실시하는 것을 권합니다.

 조금만 더

① **꼬리치레개미**: 크기가 작고 배 끝이 뾰족하게 튀어나왔어요.
② **불개미**: 몸통은 붉은색이고 식물조각을 물어와 커다란 개미집 덤불을 만들어요.
③ **풀개미**: 몸에서 산초나무에서 나는 것과 비슷한 시큼한 냄새가 나요.

말꼬마거미
무당거미
참진드기
왕지네
가재
공벌레
거머리
달팽이

부록

곤충의 친척

말꼬마거미

 거미강〉거미목〉꼬마거미과 | 몸길이: 6~8mm
볼 수 있는 시기: 1년 내내 | 볼 수 있는 곳: 인가 주변

집주변 창고나 비가 들지 않는 어두운 곳을 살펴보면 흔히 거미줄이 쳐 있어요. 사람과 가까이 사는 거미 중 하나가 말꼬마거미예요. 꼬마거미는 배가 볼록하고 크기가 작은 종류인데, 그중에서는 그래도 크기가 가장 큰 종류라는 의미로 말꼬마거미라고 합니다. 말 자가 붙으면 예전부터 크다는 의미가 있는데, 사람 주변에 키우던 동물 중 말을 가장 큰 동물로 생각했던 것 같아요. 말매미, 말벌, 말조개 같은 다른 생물에게도 말 자가 붙어 있지요.

마당처럼 넓은 공간에 줄을 치는 거미를 보면 가운데 거미가 매달려 있고 거미줄은 방사줄과 나선줄로 이루어진 큰 원 모양이 많아요. 그런데 말꼬마거미의 거미줄은 매우 불규칙적입니다. 여기저기 줄이 나 있고 어디로 거미가 다니는 것인지 알기 힘들어요. 거미

는 종류마다 거미줄을 사용하는 방법이 다릅니다. 어떤 거미는 모두가 잘 알고 있는 둥그런 거미줄을 치지만, 이외에도 접시 모양으로 치는 것, 깔때기 모양으로 치는 것, 굴뚝 모양으로 치는 것 등 종류에 따라서 특색이 있어요. 늑대거미나 깡충거미처럼 아예 거미줄을 치지 않고 그냥 돌아다니는 거미도 있지요.

말꼬마거미의 거미줄은 얼핏 엉성해 보이지만, 곤충을 붙잡는데는 아무런 손색이 없어요. 거미줄 아래쪽에 끈끈한 액체를 묻혀 두는데, 지나가던 곤충이 살짝이라도 건드리면 금방 들러붙어 그 움직이는 신호가 거미에게 전달됩니다. 말꼬마거미를 언젠가 유리병에 넣고 키웠는데, 집 안에 들어오는 온갖 곤충을 다 잡아먹는 것을 보았어요. 파리는 물론 집게벌레, 풍뎅이, 꼽등이까지 거미줄에 일단 살짝이라도 걸리면 웬만해서 끊어지지 않고 거미가 다가와 살짝 깨물면 금방 독이 퍼져 몸이 마비되어 버립니다. 말꼬마거미는 크기가 작지만 독성분은 강한 것 같아요. 같은 꼬마거미과에 속하는 검정과부거미는 북미에 살고 있는데, 사람까지 죽일 수 있는 독거미로 유명합니다. 물론 우리나라에는 그런 독거미가 없지만, 외국에는 사람을 물면 죽일 수 있는 독거미가 몇 가지 살고 있습니다.

말꼬마거미 암컷은 먹이를 잔뜩 잡아먹으면 배가 매우 크게 부풀어요. 뱃속에 알을 가득 품게 되는 것이지요. 한편 수컷은 암컷에 비해 몸이 작고 가늘고 날씬한데, 언젠가부터 암컷의 거미줄 근처에 와서 조용히 줄을 치고 기다립니다. 짝짓기할 때가 되면 거미줄을 한쪽에서 살짝 당겨서 구애 신호를 보냅니다. 암컷의 반응을 살펴보고 마음이 놓이면 다가와 조용히 짝짓기를 합니다. 수컷 거미에게 이것은 매우 중요한 일인데, 여차하면 암컷에게 잡아먹히기 때문이지요. 수컷은 짝짓기가 끝나면 대부분 암컷의 먹이로 생을 마칩니다. 그렇지만 그 전에 자기의 후손을 남기는 일에 최선을 다하는 것이지요.

배가 크게 부푼 암컷은 어느 날 특별히 푹신한 거미줄을 짜내어 알집을 만듭니다. 둥그런 갈색의 씨앗 주머니 같은 것이 말꼬마거미의 알집이에요. 한 알집에는 수백 개의 알이 들어 있고 암컷은 평생에 2~3개 이상의 알집을 만들어 냅니다. 그리고 새끼 거미들이 태어날 때까지 알집을 지키지요. 집 안에 거미줄이 쳐 있으면 지저분한 느낌이 들긴 하지만, 그래도 거미의 모성애와 거미가 다른 해충을 잡아먹는다는 것을 생각해 보면 거미의 악착같은 강인한 삶에 박수를 보내고 싶습니다.

 **조금만 더**

① **꼬리거미**: 배가 매우 길어서 긴 꼬리가 달린 이상한 벌레처럼 보여요.
② **유령거미**: 긴 다리가 있고 어두운 곳 천장에 유령처럼 매달려 있어요.
③ **접시거미**: 복잡한 그물을 접시 모양으로 치고 그 아래에 붙어 있어요.
④ **통거미**: 몸이 통짜로 되어 있어요. 예전에는 장님거미라고 불렀고 거미라는 이름이 붙었지만, 실을 내는 진짜 거미는 아니에요.

무당거미

 거미강 〉 거미목 〉 왕거미과 | 몸길이: 20~30mm
볼 수 있는 시기: 여름~가을 | 볼 수 있는 곳: 마을, 공원

가을이면 커다란 거미와 거미줄이 여기저기 눈에 띄어요. 그중에서 가장 흔히 볼 수 있는 거미가 무당거미예요. 무당벌레, 무당개구리와 마찬가지로 무당거미도 울긋불긋한 무늬가 눈에 확 띄는 거미라고 할 수 있어요. 화려한 것은 보통 몸에 독이 있다고 보면 되는데, 무당거미는 독거미는 아니에요. 우리나라에 물리면 위험한 독거미가 살고 있냐는 질문을 자주 받는데, 우리나라 거미는 독한 거미가 없어요. 주로 미국이나 호주에 물리면 위험한 독거미 종류가 살고 있고 우리나라 거미는 크게 위험하지 않아요. 그렇지만 손으로 함부로 만지면 날카로운 엄니에 물릴 수 있으니 조심은 해야 되겠지요.

무당거미가 친 거미줄을 자세히 들여다보면 황금색이 빛나요. 거미줄 성분에 따라 차이가 있겠지만 특히 무당거미의 줄은 질기고

관찰해 볼까요?

배: 노랗고 빨간 얼룩무늬가 있어요. 먹이를 많이 잡아먹으면 크게 부풀어요.

머리가슴: 앞쪽에 작은 눈 8개 있어요. 입에는 커다란 엄니가 발달해 있어요.

다리: 4쌍이에요. 검고 노란 띠무늬가 있어요. 매우 길어요. 특히 앞다리가 가장 길어요.

암컷은 나무껍질에 알을 낳은 후 거미줄과 지저분한 물질로 덮어서 위장해요. 산란을 마치면 암컷 배는 홀쭉해져요.

튼튼하고 가을철 햇살을 받으면 노란 황금색이 돋보여 무척 아름답다고 할 수 있어요. 더구나 평면이 아니라 3층 구조로 되어 있어 거미가 붙어 있는 부분 이외에 앞뒤로 받쳐 주는 거미줄이 입체적으로 구성되어 있어요.

거미집은 크게 소용돌이 모양의 날줄과 방사형 모양의 씨줄로 이루어져 있어요. 씨줄은 거미가 돌아다니는 길이고 날줄은 끈끈한 액체가 붙어 있어 지나가던 벌레가 들러붙는 부분이에요. 거미는 씨줄을 먼저 치고 나중에 날줄을 치는데, 자기가 만든 거미집인 만큼 걸리지 않고 마음대로 돌아다닐 수가 있지요. 거미줄을 치는 거미의 발끝은 3개의 발톱이 나 있어 거미줄을 붙잡고 다니기 알맞아요. 거미줄의 탄성은 매우 뛰어나 웬만큼 무거운 것이 걸리지 않는 이상 잘 끊어지지 않아요. 무당거미 줄에 작은 참새가 걸려 잡아먹힌 적도 있어요.

이런 뛰어난 특성 때문에 거미줄을 이용하여 방탄복을 만드는 연구가 진행되고 있습니다. 예전부터 거미줄을 누에에서 명주실 뽑듯이 대량으로 생산하는 방법에 대해 사람들이 고민해 왔는데, 사실 거미는 육식성이라 한꺼번에 많이 키우기가 어려운 점이 있어요. 누에는 뽕잎을 갖다 주면 쉽게 여러 마리를 키울 수 있지만, 거미는 서로 잡아먹기 때문에 어렸을 때부터 키우기가 어려운 것이지요.

무당거미 줄을 보면 가운데 커다란 거미가 한 마리 붙어 있는데, 그것이 암컷이에요. 그런데 자세히 보면 작은 거미가 몇 마리 함께 살고 있어요. 그것이 수컷들이에요. 무당거미의 수컷은 암컷에 비해 매우 작아 같은 종류처럼 보이지 않을 정도예요. 작은 수컷들은 암컷의 집에 세 들어 살면서 가끔 암컷이 잡은 먹이를 훔쳐 먹기도 하고 조용조용 숨어 지내는데, 마침내 암컷이 성숙하면 짝짓기를 할 수 있어요. 그러다가 배고픈 암컷에게 잘못 걸리면 잡아먹히는 일도 많아요. 그래서 수컷은 잠깐 동안 보일 뿐, 거미줄에 붙은 커다란 거미는 보통 대부분 암컷이라고 할 수 있어요.

가을이 끝날 무렵 암컷 무당거미는 푹신한 거미줄을 특별히 뽑아 알을 감쌀 주머니를 만듭니다. 그리고 빨간색 알을 낳아 두고 거미줄로 덮어 둡니다. 천적의 눈에 잘 띄지 않도록 나뭇가지나 찌꺼기 같은 것을 겉에 붙여 두기도 하지요. 암컷은 알을 지키다가 조용히 그 자리에서 죽습니다. 내년에 다시 새끼 거미들이 무사히 태어나길 기원하면서 말이지요.

 조금만 더

① **호랑거미**: 배는 오각형이고 검고 노란 뚜렷한 무늬가 있어요. 거미줄에 X자로 긴, 숨은 띠를 만들어요.

② **긴호랑거미**: 배는 달걀형이고 노랗고 흰 무늬가 있어요. 거미줄에 I자로 긴, 숨은 띠를 만들어요.

③ **산왕거미**: 집 주변에서 흔히 볼 수 있는 가장 큰 왕거미예요. 저녁에 나와 거미줄을 쳐요.

참진드기

 거미강〉참진드기목〉참진드기과 | 몸길이: 1~9mm
볼 수 있는 시기: 1년 내내 | 볼 수 있는 곳: 포유동물의 피부

진드기는 동물의 몸에 붙어 피를 빠는 벌레예요. 진딧물과 이름이 비슷하지만, 진딧물은 다리가 3쌍이라 곤충이고, 진드기는 4쌍이라 곤충이 아니고 거미와 가까운 친척이에요. 진드기라는 이름은 뭔가에 잘 들러붙는다는 뜻을 가지고 있어요. 이름 그대로 한번 붙으면 잘 떨어지지 않아요.

도시에 살면 진드기를 보기 힘들지만, 시골에서는 흔하게 볼 수 있어요. 가축을 키우는 곳에 가면 동물의 몸에 진드기가 꼭 몇 마리씩 붙어 있거든요. 소를 키우는 곳에 가면 소의 피부에 털이 볼록 튀어나온 곳을 들추면 진드기가 붙어 있어요. 어린이 손가락 한 마디씩 하는 커다란 진드기예요. 피를 빨기 전에 진드기는 크기가 크지 않지만, 피를 빨기 시작하면 몸이 빵빵하게 부풀어 200배 이상 커져

요. 뱃속에 피가 가득 들어 있기 때문이에요. 소는 스스로 진드기를 떼어 내기 힘들기 때문에 항상 가려움을 느끼지요. 또 말 같은 동물 몸에도 붙어 있어요. 진드기는 동물의 몸을 기어다니다가 특히 떼어 내기 힘든 구석진 곳에 들러붙어 자리를 잡고 피를 빨아요. 쉽게 떼어 내지 못하도록 할 속셈인 것이지요. 멧돼지 같은 야생동물은 특히 진흙목욕을 좋아하는데, 이것은 진드기를 떼어 내는 좋은 방법이기 때문이에요. 진흙을 몸에 바르고 말리면 딱딱해지는데, 이때 진흙과 함께 몸을 비비면 진드기가 떨어져 나가기 때문이에요. 또 절이나 산에 사는 개한테도 진드기가 잘 붙어요. 개의 귀 안쪽이나, 목줄을 차고 있는 곳이 진드기가 잘 붙는 곳이에요.

  어린 진드기는 풀밭이나 낙엽 쌓인 곳에 수두룩하게 모여 있어요. 특히 피를 다 빨아 먹고 배가 부른 암컷 진드기가 땅에 떨어지면 알을 흩뜨리는데, 거기서 부화한 어린 진드기들은 또다시 다른 동물의 몸을 타고 기어오르기 위해 모여 있어요. 진드기가 많은 풀밭에 사람이 지나가면 신발을 타고 바지를 타고 진드기들이 사람 옷 속으로 기어들어 와요. 처음에 돌아다니는 진드기는 빨리 떼어 버리면 되는데, 가만 놓아 두면 진드기들이 점점 깊숙이 기어들어 가 겨드랑이나 사타구니, 배꼽처럼 떼어 내기 힘든 곳에 자리 잡아요. 처음에는 진드기에게 물린 것을 알기 힘들어요. 그러다가 피를 빨기 시작하면서 몸이 부풀면 진드기에게 물린 것을 알고 깜짝 놀라게 되지요. 이때 마음이 급한 나머지 손으로 세게 떼어 내게 되면 진드기 주둥이가 피부에 박힌 채 진드기의 배만 떨어져 나가 피가 터져요.

피부에 박힌 진드기 몸은 나중에 떼어 내기 힘들고 상처가 낫지 않고 자꾸 덧나서 피부염을 일으킬 수 있어요. 이럴 때는 뾰족한 끝이 있는 핀셋이나 도구를 이용하여 진드기의 주둥이까지 깨끗이 떼어 낼 필요가 있어요.

소나 말, 그리고 사람 몸에 들러붙는 덩치 큰 참진드기는 '중증열성혈소판감소증후군'을 일으키기도 하고, 들쥐의 피를 빠는 조그만 털진드기는 가을철에 사람에게 쓰쓰가무시병이라는 병을 옮길 수 있기 때문에 가을철 들판에 나갈 때에는 진드기에게 물리지 않도록 조심해야 해요.

한편 집 안에 사는 진드기도 있지요. 집먼지진드기 역시 진드기의 일종인데, 사람 눈에 보이지 않을 만큼 작고 집 안의 먼지를 먹고 살면서 사람에게 알레르기를 일으키기 때문에 유명하지요.

 **조금만 더**

① **우단진드기**: 몸은 빨간색이고 나무나 땅 위를 자유롭게 돌아다녀요.
② **뿌리응애**: 몸은 투명하고 땅속 식물 뿌리에서 즙을 빨아 먹고 살아가요.
③ **이**: 주로 사람 머리카락에 붙어 사는 곤충이에요. 길고 홀쭉하게 생겼어요. 이의 알을 서캐라고 불러요.
④ **빈대**: 노린재목 곤충이에요. 집 안 어두운 곳에 숨어 살며 서양에서는 침대 벌레(bed bug)라는 별명으로 불러요. 1년 동안 피를 빨지 않아도 견딜 수 있어요.

왕지네

지네강〉왕지네목〉왕지네과 | 몸길이: 150mm
볼 수 있는 시기: 1년 내내 | 볼 수 있는 곳: 야산

　우리나라 지네 중에서 몸집이 가장 크고 길어서 왕지네예요. 지네는 다리가 많아서 곤충이 아니에요. 왕지네의 경우 다리가 21쌍이나 있지요. 그렇지만 다리끼리 서로 부딪치지 않고 빠르게 달릴 수 있어요. 지네는 육식성이라 다른 벌레를 덮쳐 잡아먹기 위해 동작이 무척 빨라요. 왕지네는 몸길이가 10cm가 넘을 만큼 길게 자라고 머리가 빨간색이라 매우 독해 보여요. 실제로 머리 아래에 커다란 독니 한 쌍이 있는데, 바늘처럼 뾰족하고 끝에는 바늘귀처럼 작은 구멍이 뚫려 있어 물면 독액을 분비해 먹이를 빨리 마비시켜 죽일 수 있어요. 작은 곤충뿐만 아니라 가끔은 지렁이나 개구리 같은 것도 잡아먹는답니다.
　지네를 잘못 만지면 사람도 물릴 수 있어요. 덩치가 큰 왕지네에

게 물리면 말벌에게 쏘인 것처럼 매우 아프고 물린 곳이 퉁퉁 붓게 돼요. 그렇지만 사람이 죽을 정도로 독성이 강하지는 않아서 다행입니다. 오히려 예전부터 왕지네를 오공(蜈蚣)이라고 부르는 약재로 써 왔습니다. 지금도 전통 재래시장이나 한약을 파는 전문시장에 가면 커다란 왕지네를 말린 것을 파는 것을 볼 수 있어요. 지네는 특히 신경통에 좋다고 알려져 왔는데, 독이 있는 벌레라서 약이 될 수 있다고 생각한 것이지요. 실제로 지네에게 허리를 잘못 물린 사람이 허리디스크가 나았다는 이야기도 있어요.

우리나라에는 예전부터 어느 곳이나 지네가 흔했기 때문에 지네에 관한 전설이 많이 남아 있어요. 그중에서 제일 유명한 것은 지네와 은혜 갚은 두꺼비 이야기입니다. 커다란 왕지네 때문에 마을에서는 해마다 처녀를 갖다 바쳐야 했는데, 어느 해 차례가 된 처녀는 집안 부뚜막에 들어온 두꺼비에게 밥을 주고 정성껏 돌봐 주었다고 해요. 그러다가 그 처녀가 지네에게 공양으로 바쳐졌는데, 대신 두꺼비가 나와 자기의 독을 뿜어 지네를 죽이고 은혜를 갚았다는 이야기예요. 사실 두꺼비도 스트레스를 받으면 피부에서 끈끈한 독액을 낼 수 있습니다. 또 지네와 앙숙은 닭이라는 얘기도 있어요. 예전에 지네를 잡기 위해서는 닭 뼈를 발라 땅에 묻어 두었는데, 그러면 지네가 많이 모였다고 합니다. 닭이 지네를 보면 부리로 쪼아서 잘 잡아먹기 때문이에요.

지네는 생긴 모습과 달리 모성애가 깊은 동물입니다. 봄에서 여름 사이 암컷 왕지네는 땅속에 구멍을 파고 노란 알을 낳습니다. 그리고 애벌레가 태어날 때까지 꼼짝 않고 알을 품은 채 돌봅니다.

지네는 서양에서 다리가 100개인 벌레(centipede)로 불려요. 또 한자로는 백족(百足)이라는 말을 쓰기도 하는데, 이것 역시 다리가 100개라는 뜻이지요.

지네는 덩치만큼 수명도 길어 2~3년 이상 살 수 있습니다. 또 외국에는 우리나라 왕지네보다 더 커다란 지네가 살기도 해요. 무서운 독니가 있지만, 오히려 그런 매력 때문에 지네를 애완용으로 기르는 사람들도 늘고 있어요. 지네에게 사마귀 같은 다른 곤충과 싸움을 붙이는 시합을 벌이기도 하는데, 막강한 독니 때문에 웬만한 곤충들은 모두 이길 수 있어요. 그렇지만 보통 사람들은 지네를 함부로 만지거나 장난을 치면 위험합니다. 빨간 머리 아래에 주사바늘 같은 무서운 독니가 있다는 것을 잊어서는 안 됩니다.

조금만 더

① **그리마**: 돈벌레, 쉰발이, 설레발이, 집지네 등 많은 별명이 있어요.
② **돌지네**: 몸길이는 왕지네보다 짧고 두꺼워요.
③ **땅지네**: 몸은 매우 길고 가늘며 땅을 파고 살아요. 눈은 전혀 없어요.
④ **노래기**: 다리가 몸마디마다 2쌍이 있기 때문에 가장 다리가 많은 동물로 유명해요.

가재

 연갑강 > 십각목 > 가재과 | 몸길이: 50mm
볼 수 있는 시기: 1년 내내 | 볼 수 있는 곳: 맑은 1급수 계곡

    우리 속담 중에 '가재는 게 편이다'라는 말이 있어요. 끼리끼리 어울리는 모습을 보면 흔히 이런 말로 빗대어 얘기하는데, 실제 가재는 게와 어떤 사이일까요? 얼핏 보면 가재는 커다란 집게발이 있어 게와 비슷해 보입니다. 그런데 게에 비해 가재는 몸이 더 길쭉하게 생겼고 배마디 부분이 따로 나와 있는 모습이 실제로는 게보다 새우와 가까운 특징을 보여 줘요. 게는 모두 배마디가 접혀서 몸통 아래에 붙어 있지요. 그렇다면 과학적으로는 가재는 새우 편이라는 말이 더 맞는 표현일 것 같습니다.

    여름철 산이나 계곡에 놀러 가면 흔히 사람들은 돌을 들춰 가재를 찾아요. 그리고 가재가 나타나면 물이 맑은 곳이라고 생각합니다. 가재는 산소가 풍부한 물에 살 수 있기 때문에 흔히 1급수인 곳

을 나타내는 지표생물이라고 말합니다. 요즘은 그저 재미 삼아 가재를 잡지만, 예전에 가재가 흔할 때는 잡아서 구워 먹기도 했어요. 가재는 새우나 게와 비슷한 맛이 나고 고급 요리로 유명한 바닷가재(lobster)도 역시 같은 종류이지요.

그런데 실제로 민물에 사는 가재는 디스토마라고 부르는 기생충을 옮기는 중간숙주라는 것이 밝혀진 다음부터 사람들은 가재를 별로 잡지 않게 되었어요. 디스토마는 몸속 간에 붙어 영양분을 빼앗아 가고 배에 물이 차는 병에 걸리게 하는데, 날로 먹거나 덜 익혀 먹으면 옮게 될 가능성이 높아집니다.

가재는 물속을 돌아다니며 작은 벌레를 잡아먹고 살아요. 가재를 잡으려면 낮에 돌을 하나씩 일일이 들춰 보는 것보다 밤에 손전등을 들고 나와 물에 비춰 보거나 오징어다리 같은 미끼를 던져 주면 쉽게 잡을 수 있어요. 보통 낮에는 돌 밑에서 가만히 쉬고 밤중에 돌아다니기 때문이지요. 가재를 잘못 잡으면 커다란 집게발로 손가락을 꽉 깨뭅니다. 어찌나 아픈지 깜짝 놀라 뿌리치게 되는데, 잡다 보면 앞다리 집게발이 짝짝이인 가재를 보는 경우가 종종 있어요. 즉 한쪽은 커다란 집게발이지만, 한쪽은 조그만 집게발인 것이지요. 이것은 어쩌다 사고가 생겨 떨어진 집게발이 다시 자라고 있는 것이에요. 떨어진 다리는 허물을 벗을 때마다 조금씩 다시 자라나기 때문에 크기 차이가 생기는 것입니다.

겨울이 오면 가재는 물이 마르지 않는 깊은 곳으로 이동하여 조용히 숨어 지내요. 물을 찾아서 물 밖을 기어나가는 경우도 있는데,

계곡을 따라 이동하지요.

가재의 암수는 배 부분을 비교해 보면 쉽게 알 수 있는데, 암컷은 배가 넓적하고 배다리가 잘 발달해 있어요. 나중에 알을 가진 암컷은 배에 알을 매달고 다니기 때문이에요. 반면 수컷은 배 아래에 짝짓기할 때 쓰는 뾰족한 다리 한 쌍이 튀어나와 있어요. 가재의 짝짓기 모습은 매우 특이해서 서로 얼굴을 마주 보고 껴안은 듯 짝짓기를 합니다. 봄이 오면 암컷 가재는 저마다 배에 알을 매달고 다니며 부지런히 산소 공급을 해 줍니다. 가재를 집에서 키울 경우, 어항 물을 잘 갈아 주지 않아 물이 더러워지면 가재는 금방 죽고 말아요.

어린이 만화영화 〈개구리 왕눈이〉에서 가재는 심술궂은 악당 역으로 등장해 주인공인 왕눈이를 괴롭히는 역할을 합니다. 그렇지만 실제 가재는 물이 얼마나 맑은지 알려 주는 중요한 생물이기 때문에 사람들은 항상 계곡에 가면 가재가 살고 있는지 궁금해하는 것 같아요.

 **조금만 더**

① **도둑게**: 바닷가에 사는 몸통과 집게가 붉은 게예요. 물에 잘 들어가지 않아요.
② **옆새우**: 계곡의 맑은 물에 살며 낙엽을 갉아 먹고 살아요. 옆으로 누워 다녀서 옆새우예요.
③ **도약옆새우**: 바닷가 모래밭에 살아요. 건드리면 톡톡 튀어 달아나요.

공벌레

 연갑강〉 등각목〉 남방공벌레과 | 몸길이: 14~18mm
볼 수 있는 시기: 1년 내내 | 볼 수 있는 곳: 산지, 들판, 바닷가

축축한 화단이나 돌 밑을 들춰 보면 꼬물꼬물 기어가는 작은 벌레가 있어요. 건드리면 깜짝 놀란 듯이 몸을 움츠리고 둥글게 말아요. 바로 공벌레예요. 굴러가는 둥근 공처럼 몸을 만다고 해서 공벌레라고 하지요. 또 '콩벌레'라고 부르는 친구들도 있어요. 그 모습이 조그만 콩알하고도 닮았거든요. 어른들은 이것을 쥐며느리라고 부르기도 해요. 그렇지만 쥐며느리는 공벌레와 비슷하게 생겼어도 몸을 완전히 둥글게 말지는 못해요. 그저 몸을 약간 납작하게 움츠리는 정도밖에 할 수 없어요.

공벌레는 흔히 마당에 있는 화분 밑이나 공원의 돌 밑, 운동장 낙엽이 쌓인 곳에서 무리 지어 살고 있어요. 축축하고 어두운 곳을 좋아하는 편이지요. 공벌레의 특기는 적을 만났을 때 둥글게 몸을 마

는 것이에요. 등껍질은 매끈하고 단단한 갑옷처럼 되어 있어 물거나 뜯을 수 없고 몸 안쪽은 약하지만 몸을 말아 방어하기 때문에 공격 당하지 않아요. 이런 모습은 아르마딜로나 천산갑처럼 큰 동물들한테서도 관찰할 수 있는 행동이에요.

공벌레는 적이 지나갈 때까지 몸을 둥글게 말고 꼼짝 않고 기다려요. 안전하다고 느껴지면 그제야 몸을 다시 펴고 제 갈 길을 갑니다. 공벌레는 곤충도 아니고 거미도 아닙니다. 공벌레가 걸어갈 때 다리를 세어 보면 모두 7쌍으로 전혀 다르지요. 사실 공벌레는 새우나 가재와 가까운 종류입니다. 바다와 물속에 사는 다른 많은 친척들과 달리 공벌레나 쥐며느리는 드물게 육지에 살게 된 새우 같은 종류라고 생각할 수 있어요.

공벌레는 습한 곳에서 썩어 가는 여러 가지 동식물질을 갉아 먹고 살아요. 공벌레를 채집하여 투명한 어항에 넣어 두고 바닥에 썩은 낙엽을 깔아 주면 며칠 지나지 않아 모두 먹어치워 버리는 것을 볼 수 있어요. 죽은 생물이 땅에 떨어져 그냥 썩으려면 많은 시간이 걸리지만, 공벌레처럼 갉아 먹어서 똥으로 분해하면 훨씬 빨리 자연 속의 영양분으로 돌아갈 수 있어요.

공벌레의 암수는 배를 비교하면 알 수 있어요. 가재와 마찬가지로 배에 생식기로 쓰이는 뾰족한 다리 한 쌍이 있는 것이 수컷이고 암컷은 대신 알주머니가 있어요. 짝짓기를 마친 암컷은 배에 알을 품고 다니다가 알주머니에서 태어난 애벌레를 한참 동안 키웁니다. 한 달 정도 돌본 다음 애벌레들이 어미 품을 떠나는데, 애벌레 때부터 어미와 똑같은 모습을 하고 있고 몸도 둥글게 말 수 있습니다. 갓 난 애벌레는 모두 하얀색이에요. 어미와 마찬가지로 여러 가지 물질을 갉아 먹으며 지내다 허물 벗을 때가 되면 몸통의 절반씩 허물이 떨어져 나가요. 먼저 뒤쪽 허물을 벗고 그다음에 앞쪽 허물을 벗어요. 가끔 공벌레를 보면 몸통 절반의 색깔이 다른 경우가 있는데, 허물을 벗고 있는 중이기 때문이지요.

공벌레는 거의 전 세계 어디에나 살고 있으며 특히 섬 지방에 많은 수가 살고 있어요. 공벌레는 작은 벌레지만 수명이 길어서 3~5년씩 살 수 있어요. 날이 추워지면 어둡고 춥지 않은 곳에 무리 지어 숨은 채 몸을 둥글게 말아 붙이고 겨울을 납니다.

 조금만 더

① **갯강구**: 바다에 사는 쥐며느리와 가까운 종류예요.
② **쥐며느리**: 공벌레와 비슷하지만, 몸을 둥글게 말지는 못해요.

거머리

환대강〉 턱거머리목〉 거머리과 | 몸길이: 60~80mm
볼 수 있는 시기: 1년 내내 | 볼 수 있는 곳: 습지, 논

거머리처럼 들러붙는다는 말은 찰싹 붙어 죽을 때까지 떨어지지 않을 정도로 세게 붙어 있는 것을 말해요. 예전에 논이 많고 농사를 많이 짓던 시절에 거머리는 아주 흔한 존재였어요. 논에 발을 잠시 담그고 나오면 거머리가 다리에 붙어 배가 탱탱해질 정도로 피를 빨면서 붙어 있었으니까요. 깜짝 놀라 떼어 내려고 해도 빨판으로 얼마나 세게 붙어 있는지 여간해서는 잘 떨어지지 않았어요. 피를 빨린 것에 화가 나 거머리를 떼어 발로 밟아도 잘 터지지 않아요. 워낙 질긴 것이 꼭 생고무 같았거든요. 그래서 요즘 사람들은 엉덩이까지 올라오는 긴 고무장화를 신고 논에 들어갑니다. 물론 그 위에도 거머리가 들러붙지만, 그것까지 뚫지는 못하니 다행이지요.

거머리의 주둥이는 동물의 몸에 붙기 알맞도록 빨판처럼 되어 있

관찰해 볼까요?

꼬리: 머리와 마찬가지로 뾰족하고 있어 잘 들러붙을 수 있어요.

몸통: 길이가 마음대로 늘어났다 줄었다 해요. 수많은 마디가 있어요.

머리: 조금 더 뾰족하고 가는 쪽이 머리예요.

어요. 꼬리 쪽에도 빨판이 있어 양쪽으로 모두 잘 들러붙을 수 있습니다. 물속에 가만히 숨어 있다가 무엇인가 움직이는 느낌이 물결로 전달해 오면 헤엄쳐서 들러붙지요. 사람뿐만 아니라 물에 사는 개구리나 붕어, 잉어 같은 물고기 몸에도 잘 붙어요. 거머리의 주둥이에는 면도칼처럼 날카로운 이빨이 삼각형으로 배열해 있는데, 이 때문에 물린 자국에는 Y자 모양의 상처가 남습니다. 거머리가 달라붙어도 사람은 쉽게 느낄 수가 없어요. 피를 빨 때 침 속에서 마취성분을 내놓기 때문이에요. 또 거머리에게 물린 상처에서는 한동안 피가 멈추지 않습니다. 거머리가 피를 빨 때 피가 쉽게 굳지 않고 잘 흐르도록 히루딘이라는 혈액 응고 방지 물질을 분비하기 때문이에요.

예전부터 사람들은 거머리의 이런 특징을 관찰하고 거머리 요법이라는 의술을 개발했습니다. 즉 피가 고여 썩어 가는 병을 가진 사람들에게 상처 부위에 거머리를 붙여 피를 빨도록 한 것입니다. 의술용 거머리는 특별히 깨끗한 곳에서 양식하며 소중하게 기르곤 했습니다.

우리나라 거머리는 대개 물속에서 살지만, 외국에는 땅 위에 사는 거머리가 많아요. 축축한 숲속 그늘진 식물 잎사귀에 몰래 숨어 있다가 동물이 지나가는 진동을 느끼면 재빨리 몸을 움직여 올라탑니다. 그리고 살의 가장 연한 부분을 찾아다니다가 한번 붙으면 배가 불러 터질 정도가 될 때까지 그 자리에서 피를 빨아 먹습니다. 야생동물이나 가축들의 몸을 보면 털 위에 핏자국이 나 있는 경우가 있는데, 거머리가 들러붙어 있었던 자국이에요. 베트남 전쟁 중에

정글 속의 거머리 떼가 습격하여 미군을 괴롭혔던 이야기가 유명합니다.

실제로 거머리는 오랫동안 굶는 능력이 있어 1년을 피를 빨지 못해도 살 수 있어요. 그러다가 적당한 먹이를 발견하면 한 번에 왕창 피를 빠는데, 자기 몸무게의 5~10배에 달하는 피를 20분 만에 빨아 먹으므로 작은 토끼 같은 경우에 거머리 4~5마리가 들러붙기만 해도 죽을 수 있습니다.

거머리는 지렁이와 마찬가지로 암수한몸인데, 짝짓기를 하여 두 마리가 모두 알을 낳을 수 있어요. 피를 빨아 해롭게만 느껴지는 거머리지만, 거머리 몸에서는 많은 특수한 물질이 발견되고 있어 제약 회사에서는 물질을 추출하여 의료용으로 개발하고 있습니다. 특히 거머리 침샘에 들어 있는 히루딘이라는 물질은 피가 굳지 않도록 작용해서 혈전을 치료하는 가장 효과적인 물질로 여겨진답니다.

① **육상 거머리**: 나뭇잎 밑에 숨어서 매달려 있다가 동물이 지나갈 때 옮겨 붙어요.
② **산거머리**: 축축한 땅 위의 돌 밑에 숨어 있다가 지렁이나 달팽이를 잡아먹고 살아요.
③ **플라나리아**: 맑은 계곡 물속에 떼 지어 살아요. 머리가 삼각형이고 몸이 잘려도 금방 재생해요.
④ **육상 플라나리아**: 육지에 사는 기다란 편형동물이에요. 삼각형의 머리가 있어요.
⑤ **지렁이**: 땅굴을 파고 사는 환형동물이에요. 굵은 환대가 있는 쪽이 머리 방향이에요.

달팽이

 복족강〉 병안목〉 달팽이과 | 패각 길이: 20mm
볼 수 있는 시기: 1년 내내 | 볼 수 있는 곳: 논밭, 공원

    천천히 기어다니는 달팽이는 무척 동작이 느리지요. 평소에는 잘 보이지 않다가 비가 내리는 장마철이면 여기저기서 나타나 벽을 타고 담벼락에 붙어 있거나 땅 위를 돌아다녀요. 달팽이 몸은 무척 부드럽고 연약하여 건조하면 금방 말라 죽어요. 그래서 축축하고 비가 오는 날을 좋아하고 주로 밤에 활동합니다.

    달팽이는 자기 몸이 마르는 것을 막기 위해 둥그런 껍질을 짊어지고 다니지요. 이 껍질은 금방 태어난 어린 달팽이 때부터 갖고 있는데, 몸에서 석회질 성분이 스며 나와 껍질을 만들어요. 마치 달걀 껍질과 비슷해요. 땅에 떨어지거나 잘못해 상처를 입으면 달팽이 껍질이 깨지는 수가 있어요. 심하게 깨지면 달팽이가 살 수 없지만, 살짝 금이 가거나 많이 다치지 않으면 시간이 흐르면서 깨진 자리가

깨끗이 메워져요. 그리고 달팽이 몸이 자람에 따라 껍질도 점점 커지지요.

달팽이는 여러 가지 물질을 갉아 먹고 살아요. 입안에 단단한 이빨 모양의 기관이 있는데, 마치 감자를 갈 때 쓰는 강판과 비슷한 모습으로 이것을 치설(齒舌)이라고 불러요. 달팽이는 치설을 내밀어 낙엽이나 채소, 열매, 버섯 등 여러 가지를 다 갉아 먹을 수 있어요. 배고픈 달팽이를 살짝 손등에 올려 놓으면 사람의 피부도 갉아 먹는 듯한 느낌이 나요. 그런데 달팽이는 자기가 먹은 것에 따라 똑같은 색깔의 똥을 눠요. 빨간색 수박을 먹으면 빨간색으로, 노란색 참외를 먹으면 노란색 똥을 누지요. 또 푸른 채소를 먹으면 녹색 똥을, 시든 낙엽을 먹으면 갈색 똥을 누어요. 먹이를 먹지만, 먹이에 포함된 색소를 분해하는 능력이 없어서 그래요. 달팽이 항문은 껍질 아래에 작게 뚫려 있어요.

달팽이는 머리 앞쪽에 큰더듬이와 작은더듬이가 각각 1쌍씩 있어요. 살짝 건드리면 금방 줄어들어 몸통 속으로 사라지는데, 큰더듬이 끝에는 시력이 좋지 않지만 작은 눈이 달려 있어요. 달팽이는 거북이와 함께 느린 동물의 대명사지요. 그렇지만, 끈기 있게 기어 다닙니다. 달팽이는 몸에서 항상 끈끈한 액을 내면서 움직여요. 이런 점액 성분이 몸을 둘러싸고 있어 거친 곳을 지날 때도 다치지 않게 보호해 줘요. 달팽이를 날카로운 칼날 위에 올려 놓아도 전혀 베이거나 다치지 않습니다.

달팽이는 한 몸에 암컷과 수컷의 성질을 다 갖추고 있어요. 생물은 저마다 가지각색의 방법으로 번식을 하는데, 암수한몸인 달팽이는 두 마리가 만나 짝짓기를 하면 두 마리가 다 알을 낳을 수 있지요. 달팽이는 주로 축축하고 부드러운 흙 속에 몸을 집어넣고 구슬처럼 작은 알을 잔뜩 낳아요.

달팽이라는 우리말은 어린이들이 갖고 노는 장난감인 팽이와 비슷한 모습으로 여기저기 매달려 있다는 뜻에서 붙은 이름이에요. 습한 날 돌아다니던 달팽이는 몸이 더이상 마르기 전에 그 자리에 붙어서 껍질의 입구를 막은 채 가만히 붙어 있지요. 특히 겨울이 오기 전에는 낙엽 밑이나 어두운 곳에 숨어 껍질 입구를 단단하고 하얀 석회질 성분으로 막아 버립니다.

사람의 귀 속에는 달팽이관이 있어요. 몸의 평형을 유지하게 만들어 주는 기관인데, 달팽이 모양을 닮아서 이런 이름이 붙었답니다.

 조금만 더

① **다슬기**: 물속에 사는 껍질이 단단한 달팽이 종류예요.
② **동양달팽이**: 껍질이 크고 줄무늬가 있어요.
③ **물달팽이**: 물속에 사는 껍질이 연한 달팽이 종류예요.
④ **민달팽이**: 껍질이 전혀 없는 달팽이예요.

곤충이 좋아지는 곤충책

1판 1쇄 펴냄 2022년 7월 8일
1판 3쇄 펴냄 2024년 5월 30일

글·사진 김태우

주간 김현숙 | **편집** 김주희, 이나연
디자인 이현정, 전미혜
마케팅 백국현(제작), 문윤기 | **관리** 오유나

펴낸곳 궁리출판 | **펴낸이** 이갑수

등록 1999년 3월 29일 제300-2004-162호
주소 10881 경기도 파주시 회동길 325-12
전화 031-955-9818 | **팩스** 031-955-9848
홈페이지 www.kungree.com
전자우편 kungree@kungree.com
페이스북 /kungreepress | **트위터** @kungreepress
인스타그램 /kungree_press

ⓒ 궁리출판, 2022.

ISBN 978-89-5820-777-1 73490

책값은 뒤표지에 있습니다.
파본은 구입하신 서점에서 바꾸어 드립니다.